Natur und Tier- Verlag 

Daniel Knop

Steinkorallen im Aquarium

Band 1

Natürlicher Lebensraum
Gattungs- und Artbestimmung
aquariengeeignete Gattungen

Titelbild: Ausschnitt aus einem Steinkorallenaquarium des Autors (Foto: D. Knop)
Kleinbilder (v. l. n. r.) : 1, 2, 4: D. Knop; 3: I. Gerber
Buchrückseite (v. l. n. r.) : 1: D. Knop; 2, 3: I. Gerber

3. überarbeitete und erweiterte Auflage 2023

ISBN: 978-3-86659-486-9

An der Kleimannbrücke 39/41 · 48157 Münster
Tel.: 0251-13339-0 · Fax: 0251-13339-33 · E-Mail: verlag@ms-verlag.de

www.ms-verlag.de

Geschäftsführung: Matthias Schmidt
Lektorat: Kriton Kunz
Layout: Mirko Barts
Druck: Pario Print, Polen

Inhaltsverzeichnis

Vorwort

Tauchgang im Riffaquarium des Atlantis Marine World, Long Island bei New York, USA

Kein anderer Bereich der Korallenaquaristik hat innerhalb der letzten 30 Jahre so aufregende Umwälzungen erfahren wie die Pflege von Steinkorallen. Wer dies miterlebte, wurde Zeuge einer Entwicklung von ersten zaghaften Versuchen, *Acropora*-Arten im Aquarium einige Monate überstehen zu lassen, bis hin zur Massenvermehrung unterschiedlichster Scleractinia in Korallenfarmen, sowohl im tropischen Küstenwasser in Asien als auch in Inlandsfarmen in Europa oder den USA. Diese Nachzuchtkorallen werden im Aquaristikfachhandel inzwischen routinemäßig angeboten und haben mancherorts Naturentnahmen schon weitgehend verdrängt. Es ist eine aquaristische Erfolgsgeschichte ohne Beispiel, und die Akteure, die dies ermöglichten, sind vor allem die Aquarianer – Laienbiologen, die ihr Hobby auf höchstem Niveau betreiben, Erfahrungen austauschen, fortwährend studieren und experimentieren, um die Steinkorallenpflege voranzubringen. Das setzt hervorragende Kenntnisse der Riffökologie, der Systematik und Biologie von Korallen auf der einen Seite sowie der Aquarienchemie und -technik auf der anderen voraus.

Ich bemühe mich seit mehr als dreieinhalb Jahrzehnten intensiv, zu diesem Fortschritt der Meeresaquaristik beizutragen, sei es durch Bücher oder Zeitschriften, die Wissen in die Breite tragen sollen, oder durch Korallenfarmprojekte in Asien, die das Hobby von Naturentnahmen weniger abhängig machen. Es erfüllt mich mit Stolz, Teil dieser Entwicklung zu sein. Für jemanden, der diese Form der Aquaristik erst seit drei oder vier Jahren betreibt, mögen solche Worte überzogen klingen. Aber wer die Korallenriffaquaristik noch in ihren Anfängen erlebt hat, in einer Zeit, als nur eine Handvoll Weichkorallenarten aquarienhaltbar war und das Zerschneiden einer *Sarcophyton*-Lederkoralle zur vegetativen Vermehrung noch Mut, Pioniergeist und eine Prise Verwegenheit erforderte, weil niemand wusste, welche Folgen es haben würde, der kann dieses Pathos vielleicht verstehen.

Die biologische Arbeit, die in den letzten Jahrzehnten in Aquarianer-Wohnzimmern geleistet wurde, kann nicht hoch genug bewertet werden, weil sie sehr viel Wissen über die Ökologie der Korallen zutage befördert hat. Korallenriffaquarien sind heute selbstverständliche Arbeitswerkzeuge der Meeresbiologie, und nicht wenige professionelle Meeresbiologen stammen sogar aus der Meeresaquaristik. Korallenfarmen ermöglichen inzwischen, praktisch jede beliebige Menge an Korallen zu produzieren, was nicht nur Naturentnahmen begrenzt, sondern auch Korallen für Riffrehabilitations-Programme zur Verfügung stellt. Die Basis für all dies ist die leidenschaftliche Arbeit privater Hobbyaquarianer.

Zwanzig Jahre nach dem Ersterscheinen war eine weitere Überarbeitung dieses Bandes nötig, und ich habe versucht, die aktuellen Veränderungen der Steinkorallensystematik so weit wie möglich einfließen zu lassen. Unverändert geblieben ist hingegen das Grundkonzept: Mit diesem Buch möchte ich nicht die gesamte Artenfülle der Steinkorallen vorstellen, sondern selektiv diejenigen Gattungen, die im Aquaristikfachhandel gewöhnlich angeboten werden und im Aquarium auch erfolgreich gepflegt werden können.

Bedanken möchte ich mich bei vielen Aquarianern und Biologen in aller Welt, die meine Arbeit in der Meeresaquaristik unterstützt und damit indirekt auch zu diesem Buch beigetragen haben. Für Kontakte, die im fachlichen und auch im persönlichen Sinn sehr bereicherten, danke ich Dr. Phil Alderslade (Hobart, Tasmanien), Dr. Bruce Carlson (Georgia, USA), J. Charles Delbeek (San Francisco, USA), Svein A. Fosså (Grimstad, N), Prof. Cathy McFadden (Claremont, USA), Prof. Jean Jaubert (Monaco), Alf Jacob Nilsen (Hidrasund, N), Dr. Ingo Botho Reize (Köln, D), Julian Sprung (Florida, USA), Prof. Dietrich Schlichter (Köln, D), Prof. Volker Storch (Heidelberg, D), Prof. Ellen Thaler (Innsbruck, AUT), Prof. Carden Wallace (Queensland, AUS), Prof. J.E.N. („Charlie“) Veron (Queensland, AUS) sowie zahlreichen weiteren, die ich aus Platzgründen nicht nennen kann.

Ganz besonderer Dank geht an meinen langjährigen Freund und Verleger Matthias Schmidt, der in einer heutzutage ausgesprochen rar gewordenen Weise mit viel Herzblut verlegerische Projekte verwirklicht, die von der Leidenschaft für die Tierwelt geprägt sind, an meinen Lektor Kriton Kunz, der inzwischen mehr als zwei Jahrzehnte lang nahezu alle Ergebnisse meiner fachjournalistischen Arbeit gegenliest und mit seinem enormen Fachwissen als Biologe und Germanist befruchtet, und an meine Frau Rosalinda, die meine Arbeit als Buchautor, Redakteur und Tierfotograf in jeder erdenklichen Weise unterstützt.

Last, but not least danke ich meinem Freund Joe Yaiullo, dessen Korallenriffaquarium ich mehrfach von innen betrachten durfte. Es steht im Atlantis Marine World auf Long Island bei New York, und unter den vielen Meeresaquarien, die ich in aller Welt bisher erleben durfte, ist es unter dem Aspekt der Steinkorallenpflege für mich persönlich dasjenige, das ich am meisten bewundere. Wenn irgendjemand auf der Welt es im Fach „Aquarienpflege von Steinkorallen“ zu einer wahren Meisterschaft gebracht hat, dann ist es Joe mit seinem 80.000-l-Riffbecken, das er liebevoll als „my baby and my mistress“ bezeichnet, frei übersetzt etwa: „meine Geliebte, aber auch meine Gebieterin“.

Daniel Knop
Airlenbach, 2023

Ein 80.000-l-Riffaquarium, dicht mit Steinkorallen und anderen Wirbellosen bewachsen – vor 20 Jahren schlicht unvorstellbar Fotos: B. Knop (Aufnahmen 2006)

Kapitel 1

Steinkorallen im natürlichen Lebensraum

Thema	Seite

Blick in ein typisches Korallenriff in Tonga

Was sind Steinkorallen?

In Flachwasserbereichen mit klarem Wasser verdrängen *Acropora*-Arten oft alle anderen Korallen. Auch innerhalb der *Acropora*-Gemeinschaften konkurrieren verschiedene Arten miteinander (siehe Seite 13). GBR, Australien Foto: J. E. N. Veron

Das Leben einer Koralle beginnt meist mit der gefährlichen Reise einer winzigen Larve, die als Teil des Meeresplanktons verdriftet. Diese Larve entsteht bei einem faszinierenden Vorgang, den wir erst seit wenigen Jahrzehnten kennen: dem Massenablaichen. Nur wenige der befruchteten Eizellen, die aus einer solchen Korallenhochzeit hervorgegangen sind, überstehen die gefährliche Drift, vorbei an unzähligen hungrigen Mäulern. Doch einigen gelingt es schließlich, mit der Wasserströmung an eine geeignete Stelle zu gelangen, an der sie sich ansiedeln können – oft weit entfernt vom Ursprungsort.

Hat sie einen solchen Siedlungsort gefunden, wächst die Korallenlarve zu einem kleinen, seeanemonenähnlichen Polypen heran. Durch Kalkabscheidung baut dieser einen kelchförmigen Sockel um sich herum auf, mit zahlreichen radspeichenartig angeordneten Scheidewänden in regelmäßiger Anordnung. Das ist der Korallit, in dem der Polyp sein Leben verbringen wird. Durch Knospung oder Längsteilung entsteht bald ein zweiter Polyp, dann weitere, und jeder erzeugt durch Kalkabscheidung seinen eigenen Koralliten, sodass bald eine Gruppe davon zu sehen ist.

Schließlich erhält diese Polypengruppe auch eine arttypische Form, überzieht z. B. als flache Kruste das Kalkgestein, wächst als dünne Platte frei ins Wasser oder bildet Stamm und Äste – eine Koralle ist entstanden. Schicht um Schicht bauen neue Polypen auf den kalkhaltigen Überresten vergangener Polypengenerationen auf. Dadurch wächst das Skelett Millimeter um Millimeter – jahrzehntelang, jahrhundertelang.

Steinkorallen verändern und gestalten ihre Umwelt wie kaum ein anderes Tier auf unserem Planeten. Das ist vor allem bei besonders großen Riffen beeindruckend, etwa dem Great Barrier Reef vor der australischen Küste. Mit rund 2.000 km Länge ist es das größte Einzelbauwerk auf der Erde ist, groß genug, um es vom Mond aus zu erkennen. Aber auch an fossilen Riffen wird das deutlich, denn ein Drittel der Erdoberfläche ist von fossilen Riffkalken bedeckt. All dies ist auf die Aktivität der winzigen Polypen zurückzuführen, die sich im Bereich ihres Fußes den Sockel aus Kalk bauen, in den sie sich zurückziehen können.

Mit dem Korallenstock wächst auch das Riff, weshalb man diese Korallen als riffbildend oder hermatypisch bezeichnet. Dabei werden die riffbildenden Steinkorallen von anderen kalkbildenden Organismen unterstützt, z. B. Kalkröhrenwürmern, Muscheln, Schwämmen oder Kalkalgen, doch der größte Teil der Rifferzeugung geht auf die Aktivität der Steinkorallen zurück.

Acropora ist in vielen Riffen des Indopazifik die bei weitem häufigste Steinkorallengattung. Vor allem Korallengemeinschaften im Gezeitenbereich und dicht darunter sind meist von Acropora-Arten dominiert. Great Barrier Reef, Australien Foto: J. E. N. Veron / E. Lovell

Lebensraum

Korallenriffe gehören zu den artenreichsten Biotopen der Erde. Zwar finden wir im tropischen Regenwald mehr unterschiedliche Tierarten, aber dort gehören die weitaus meisten zu den Insekten, sind also entwicklungsgeschichtlich recht eng miteinander verwandt. Im Korallenriff ist die Bandbreite unterschiedlicher Lebensformen weit größer. Unfassbar viele Lebensentwürfe, die sich die Evolution in mehreren Hundert Millionen Jahren hat einfallen lassen, finden wir hier, vom Einzeller und den wahrscheinlich ersten Vielzellern, den Schwämmen, über Quallen, Röhrenwürmer, Seeanemonen, Krebse, Seeigel oder Meeresschildkröten bis hin zu den wohl größten Lebewesen, die unseren Planeten jemals bevölkert haben, den Blauwalen. Hier werden wir Zeuge der Entstehung neuer Arten und finden zugleich lebende Fossilien wie die Pfeilschwanzkrebse (*Limulus*), die sich seit rund 400 Millionen Jahren nicht erkennbar verändert haben, oder *Nautilus*, der noch ganze 100 Millionen Jahre älter ist.

Wir erleben im Korallenriff, wie einfachste Lebewesen, die keine Augen besitzen (z. B. Stachelhäuter wie Seesterne), ihre Umgebung wahrnehmen und auf Reize reagieren. Wir beobachten, wie Kreaturen, die nicht über ein komplexes Nervensystem verfügen, zu Millionen gleichzeitig ihre Keimzellen abgeben, wie von Geisterhand gesteuert, jedes Jahr zu einem bestimmten Zeitpunkt, auf die Stunde genau.

Hier entwickeln sich komplexe Gesellschaften unterschiedlichster Tiere, etwa soziale Gemeinschaften von Knallkrebsen, die mit bis zu 16.000 Individuen gemeinsam im Innern eines einzigen Meeresschwamms leben, mit Arbeitern, Soldaten und einer Königin. Oder wir entdecken Seegurken, die ihr Leben damit verbringen, auf einem

Lebensgemeinschaft von Steinkorallen und zahlreichen anderen Lebensformen auf engstem Raum, Sandzone, Dumaguete (Philippinen)

Acropora-Steinkoralle in der Flachwasserzone, Karimunjawa-Archipel (Indonesien)

Die Orang-Utan-Krabbe (*Achaeus japonicus*) lebt auf der Blasenkoralle *Plerogyra sinuosa*

Schwamm umherzukriechen und die Sedimente zu fressen, die dem Filtrierer das Leben schwer machen, weil sie seine Poren verstopfen. Fische, die so tun, als wären sie ein Schwamm (Anglerfische, Antennariidae), damit ihre Räuber sie übersehen, und die zugleich einen Teil ihres Körpers wie ein Würmchen im Wasser schwenken, um andere kleine Fische anzulocken und zu verschlingen.

Im Korallenriff finden wir Kraken, die Seeschlangen oder gefährliche Rotfeuerfische imitieren. Oder gefährliche Rotfeuerfische, die sich als harmloser Haarstern ausgeben. Seegurken, die dem Feind ihre giftigen Eingeweide ins Gesicht schleudern. Krebse, die zwei kleine Seeanemonen in den Scheren halten, um Störenfriede in der Manier eines Boxers in die Flucht zu schlagen.

Viele Korallenfischarten nutzen die Steinkorallen als Rückzugsort (Dumaguete, Philippinen)

Zahlreiche Krabben und Garnelen leben kommensal in unterschiedlichsten Steinkorallen, wie hier die sehr seltene *Kemponia kokorensis* (Philippinen)

Tummelplatz für die skurrilsten Überlebensstrategien ist das Korallenriff, als wollte die Evolution auf dieser Bühne einen umfassenden Überblick ihrer Erfindungen präsentieren. Aber – und das ist das eigentlich Wunderbare am Korallenriff – all diese unterschiedlichen Lebensformen existieren nicht nur nebeneinander, sondern auch miteinander, ja sogar voneinander. Sie alle bilden zusammen so etwas wie einen gewaltigen Organismus, in dem jeder eine bestimmte Aufgabe erfüllt, wie ein kleines Rädchen in einem gigantischen Getriebe. Fällt eines der Rädchen aus, so hören viele andere auf, sich zu drehen, bleiben stehen. Aber das Ganze funktioniert, wenn keine Störung von außen kommt, über Jahrtausende reibungslos.

In vielerlei Hinsicht sind die Korallenriffe ein Ökosystem der Superlative. Sie gehören zu den

Vir philippinensis lebt hier auf der Blasenkoralle *Plerogyra sinuosa* (Philippinen)

Kommensale Krabben der Familie Trapeziidae wie diese *Tetralia nigrolineata* sind oft in Steinkorallen zu finden (Indonesien)

produktivsten Lebensräumen der Erde. Im Durchschnitt entstehen pro Quadratmeter Rifffläche innerhalb eines Jahres 1,5–5 kg Kohlenstoff, rund zwei- bis zehnmal so viel wie bei der Primärproduktion von Wald-Ökosystemen und zehnmal so viel wie in den produktivsten Planktonsystemen der Meere. Folglich sind die Ernährungsmöglichkeiten für Fische im Riff erheblich besser als in anderen marinen Lebensräumen. Dies führt dazu, dass fast zehn Prozent der gesamten weltweiten Fischbiomasse in Riffen zu finden sind, obgleich deren flächenmäßiger Anteil weit unter zwei Prozent liegt.

Das wohl Erstaunlichste daran aber ist, dass diese enorm produktive Lebensgemeinschaft Korallenriff in einem besonders nährstoffarmen Bereich des Meeres existiert, ganz ähnlich einem tropischen Regenwald, der auf unfruchtbarem Boden steht und sich selbst ernährt. Fast alles, was im Riff an Nährstoffen vorhanden ist, befindet sich in der lebenden Körpersubstanz seiner Bewohner, in Fischen, Korallenpolypen, Würmern, Algen, im Plankton oder irgendwelchen anderen Organismen, und nur ein verschwindend geringer Teil kann sich in unbelebten Strukturen ansammeln.

Bild (links und rechts): Bei Ebbe können die Spitzen der Steinkorallen auf dem Riffdach bereits aus dem Wasser herausschauen. Diese Exposition schädigt die Wachstumszonen, sodass der gesamte Korallenwuchs durch die Gezeiten auf eine bestimmte Höhe begrenzt wird, die bei Flut unter der Wasseroberfläche zu sehen ist

Wie ernähren sich Korallen?

Die Grundlage für die Existenz der Korallenriffe ist eine simple Lebensgemeinschaft zwischen Tier und Pflanze. Gemeint ist damit jedoch nicht die Riffgemeinschaft aus tierischen und pflanzlichen Organismen selbst, sondern die Symbiose zwischen Dinoflagellaten der Gattung *Symbiodinium* und den Korallen, in deren Gewebe sie leben. Diese Symbiosealgen fotosynthetisieren mithilfe des Sonnenlichts und geben bis zu 90 % ihrer Produkte an das Wirtstier ab. Im Gegenzug erhalten sie dafür Stickstoffverbindungen, die für sie ansonsten in dem extrem nährstoffarmen Meerwasser schwer erreichbar wären. Ein zweiter Vorteil dieser Lebensgemeinschaft ergibt sich beinahe nebenbei, denn durch die Fotosynthese der Symbiosealge wird die Kalkbildung der Koralle beschleunigt. Die Summe der genannten Vorteile führt dazu, dass symbiotisch lebende Korallen erhebliche Mengen an Kalk abscheiden und das Riff rasch wachsen lassen.

Zu diesen Algen, die im Inneren der Gewebezellen von Korallenpolypen siedeln und ihren Stoffwechsel sehr eng mit jenem der Wirtszelle verzahnt haben, kommt bei manchen Korallenarten noch ein weiterer pflanzlicher Symbiont hinzu, der außerhalb des Polypengewebes lebt. 1995 konnten Prof. Dietrich Schlichter und seine Mitarbeiter durch radioaktiv markierten Kohlenstoff einen Materialfluss zwischen Bohralgen *Ostreobium queckettii* und der Steinkoralle *Mycedium elephantotus* nachweisen (SCHLICHTER 1995). Zwar trägt diese Symbiose erheblich weniger zur Ernährung des Korallenpolypen bei als diejenige mit den im Gewebe lebenden (endozellulären) Symbionten, doch sie erklärt immerhin, warum einige bisher für nicht symbiotisch gehaltene Steinkorallen wie *Tubastraea micranthus* sich im 10–15 m tiefen Bereich einer Riffwand zwischen den mit symbiotischen Dinoflagellaten lebenden (zooxanthellaten) Korallen behaupten und erstaunlich starkes Längenwachstum erreichen können. Korallen mit diesen sogenannten endolithischen Algen, die in ihrem Kalkskelett leben, gelten nicht als zooxanthellat, doch auch sie brauchen zum Leben Licht.

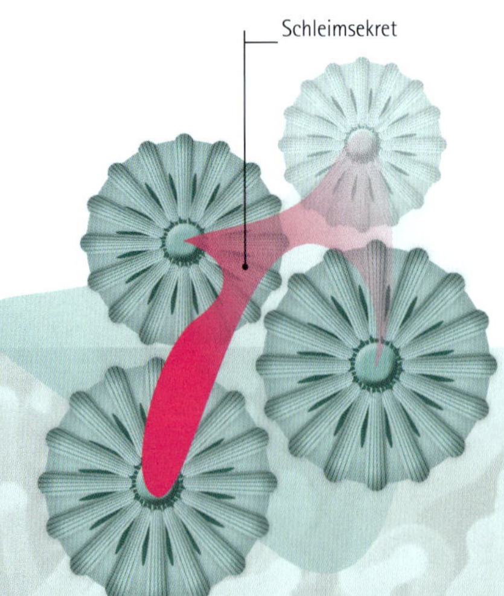

Aufnahme von gelöstem organischen Material (DOM) sowie Fang von planktonischem organischen Material (POM), als Mikro-POM mit Hilfe von Schleimsekreten ...

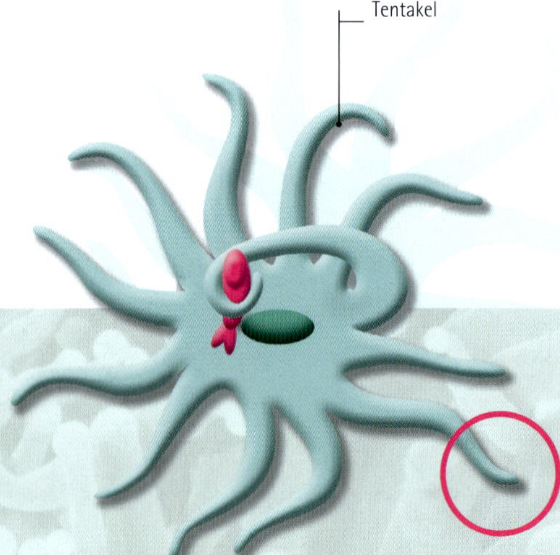

... als Makro-POM mit Hilfe von Nesselkapseln

4. Endolithische Algen Grafik nach D. Schlichter

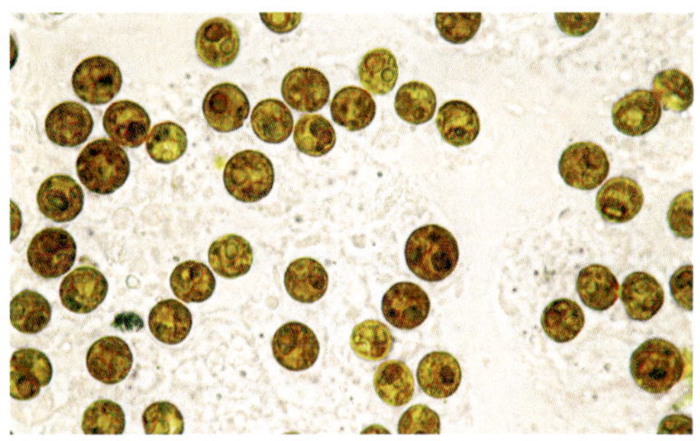

Symbiosealgen unter dem Mikroskop

Aber die Symbiose mit Algen fordert auch ihren Tribut: Diese Lebensgemeinschaft muss sich in einem Habitat befinden, in dem beide existieren können – die Koralle und die Symbiosealge. Nur dort, wo die physiologischen Bedürfnisse beider Organismen erfüllt werden, ist sie funktionsfähig. Korallen als Lebensform können durchaus in großen Tiefen leben, aber die Anwesenheit der Symbiosealgen in ihrem Gewebe bzw. dem Kalkskelett zwingt sie dazu, ihren Lebensraum auf die sonnenlichtdurchfluteten Flachwasserzonen zu beschränken, in denen durch Makroalgen und andere lichtabhängige Organismen enorme Raumkonkurrenz herrscht.

Erschwert wird dies durch die Veränderlichkeit des Wasserspiegels infolge der Gezeiten, denn viele Korallenarten vertragen das Trockenfallen nicht und sind auf Lebensräume unterhalb der Gezeitenzone beschränkt. Auch die langfristigen Verschiebungen des Meeresspiegels machen den Riffen das Leben schwer, oft sogar unmöglich, wie viele fossile Riffe aus Zeiten höherer Meeresspiegel an tropischen Meeresküsten zeigen. Auf den Philippinen und in Indonesien sieht man oft umfassende Formationen fossiler Steinkorallen direkt oberhalb der Gezeitenzone, in dem Bereich, der heute nicht mehr vom Wasser benetzt wird. Sie sind ein deutlicher Hinweis darauf,

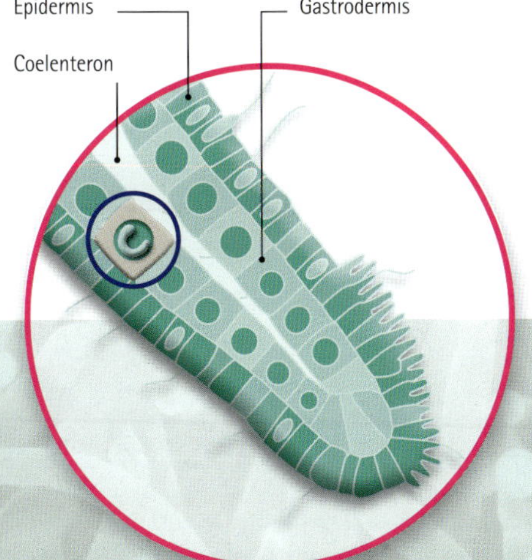

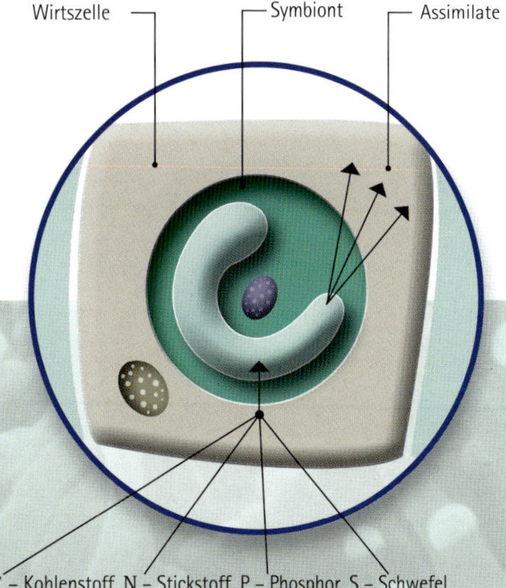

Tentakelspitze mit endozellulären Symbiosealgen, rechts Vergrößerung einer Wirtszelle, vier Grafiken nach D. Schlichter, modifiziert

Auch Steinkorallen können versteinern, wie dieses Bild zeigt

Gesteinsplatten am Swimmingpool von Julian Sprung, Miami (Florida, USA), die aus fossilem Riffgestein hergestellt wurden

dass in früheren geologischen Epochen der Meeresspiegel höher lag und diese felsigen Küstenbereiche Bestandteil von Korallenriffen waren.

Die verbreitete Vorstellung allerdings, dass zooxanthellate Korallen sich ausschließlich „von Licht" ernährten, also durch die Fotosyntheseleistung ihrer Symbionten, ist falsch. Das belegt schon allein die Existenz der Polypententakel, die letztlich nichts anderes als Planktonfallen sind. Wären sie nicht nützlich für das Überleben und damit die Weitergabe der Gene an die nächste Generation, dann würden sie schnell verschwinden. „Use it or lose it" ist der Grundsatz der Entwicklungsgeschichte; was nicht wirklich nötig ist und darum keinen Vorteil bringt, wird eingespart. Auch zooxanthellate Korallen fangen also Plankton. Viele können sogar in gewissem Umfang einen Mangel an Licht durch den Fang von mehr planktonischer Nahrung ausgleichen, etwa wenn ein Korallenast abbricht und in größere Tiefe herabsinkt, wo weniger Sonnenlicht vorhanden ist. Biologen sprechen hier vom Alternieren zwischen Heterotrophie und Autotrophie.

Es gibt sogar Steinkorallen, die man im natürlichen Lebensraum mit oder ohne Symbiosealgen antreffen kann, z. B. *Heteropsammia cochlea*. Diese Art entwickelt darüber hinaus noch eine kommensale Lebensgemeinschaft mit dem Spritzwurm *Aspidosiphon corallicola*, der die Koralle auf dem Feinsediment bewegen und verhindern kann, dass sie verschüttet wird. Weiterhin findet man auf dieser Koralle meist eine als Parasit angesehene Muschel namens *Lithophaga lessepsiana*, deren Beziehung zur Koralle aber noch nicht abschließend geklärt ist. Hier wird jedoch schon deutlich, wie komplex die Überlebensstrategien von Steinkorallen in manchen Habitaten sein müssen.

Steinkorallen der ausgestorbenen Ordnung Tabulata bevölkerten vom Ordovizium bis zum Perm (vor 488–251 Millionen Jahren) die Weltmeere und gehörten gemeinsam mit den Rugosa zu den ersten Riffbildnern. Sie erzeugten große Polypengemeinschaften. Der Name „Tabulata" bezieht sich auf horizontale Querböden (Tabulae), mit denen die einzelnen röhrenförmigen Koralliten miteinander in Verbindung stehen. Hier ist ein Exemplar der Gattung *Favosites* zu sehen (ca. 430 Millionen Jahre alt, Fundort Gotland, Schweden).

Steinkorallen der ausgestorbenen Ordnung Rugosa bildeten ein hornförmiges Skelett, in dem sich ein Polyp befand. Sie waren in der Zeit vor 488–251 Millionen Jahren sehr verbreitet und gehörten neben den Tabulata zu den ersten Riffbildnern. Wegen der vierstrahligen Symmetrie ihres inneren Aufbaus bezeichnete man sie auch als Tetracorallia. Hier ist *Calceola sandalina* zu sehen, Fundort Gondelsheim, Eifel, Alter ca. 390 Millionen Jahre.

Die Lebensgemeinschaft mit Symbiosealgen verhilft Korallen vor allem zu weit schnellerem Skelettaufbau und steigert ihr Wuchstempo erheblich. Das kann so weit gehen, dass in hellbeleuchteten Flachwasserzonen azooxanthellate Steinkorallen keine Überlebenschance haben, weil sie rasch von zooxanthellaten Korallen verdrängt oder überwachsen werden.

Korallenpolypen fressen aber nicht nur tierisches Plankton, also die Larvenformen und teils auch juvenile sowie adulte Exemplare unterschiedlichster Krebse, Weichtiere, Würmer, Fische und anderer Organismen. Für einige ist nachgewiesen, dass sie auch pflanzliches Plankton erbeuten, und darüber hinaus werden alle anderen aufgenommenen Substanzen verwertet, die nahrhaft sind und die richtige Größe haben. Korallenriffe entstehen wie erwähnt in extrem nährstoffarmen Meereszonen, Nahrung ist hier absolute Mangelware. Die Konkurrenz ist groß, und jede nahrhafte Substanz muss genutzt werden. Azooxanthellate Korallen, die ohne Symbiosealgen existieren, sind dafür absolute Spezialisten. Ein gutes Beispiel für diese Lebensweise sind die *Lophelia-pertusa*-Riffe im tiefen Kaltwasser, z. B. vor der Küste Norwegens.

Schleimabsonderungen anderer Organismen beispielsweise werden von Korallen aufgenommen und verwertet, ebenso gelöste organische Substanzen. Das Gleiche könnte für die Kragengeißelzellen bestimmter Schwämme gelten, die in gewaltiger Menge an das Wasser abgegeben werden. Dabei handelt es sich um Zellen, die beim Filtern und der Nahrungsverarbeitung eines Schwamms eine entscheidende Rolle spielen. Untersuchungen von Jasper De Goeij et al. (2009) vom Institut für Meeresforschung in den Niederlanden lassen darauf schließen, dass z. B. der Schwamm *Halisarca caerulea* diejenigen Zellen, die das eingesogene Wasser filtern und dabei oft mit Giftstoffen, Bakterien, Viren und anderen krank machenden Mikroorganismen Kontakt haben, nicht von diesen angelagerten Substanzen befreit, sondern sie einfach ersetzt. Diese Vorgehensweise spart offenbar Energie, und so werden die Kragengeißelzellen alle 4–5 Stunden abgestoßen und durch neue ersetzt. Das führt zu einer enormen Dichte dieser Zellen im Umgebungswasser, und sie könnten durchaus von Korallen als Nahrung genutzt werden.

Wenn dies zutrifft und auch für weitere Schwammarten gilt, würde es auch erklären, warum die meisten Steinkorallenarten in frisch eingerichteten Meerwasseraquarien (die arm an Meeresschwämmen sind) kaum wachsen, während sie in gereiften Becken (in denen sich unter dem Dekorationsgestein regelmäßig große Schwammpopulationen gebildet haben) meist ohne gezielte Schwebefütterung kräftig zulegen. Aber das ist vorläufig noch rein hypothetisch, denn bisher hat in Korallenriffaquarien noch niemand die Dichte der Kragengeißelzellen von Schwämmen bestimmt.

Cystiphyllum ist eine weitere Steinkoralle der ausgestorbenen Ordnung Rugosa. Das hier gezeigte Exemplar stammt aus Gotland, Schweden, und ist rund 430 Millionen Jahre alt.

Macgeea bathycalyx gehört ebenfalls zur Ordnung Rugosa. Dieses Exemplar stammt aus Rommersheim in der Eifel und ist rund 380 Millionen Jahre alt.

Wie entsteht ein Riff

Die Entwicklung eines Riffs läuft nach einem Schema ab, das sich mit einer gewissen Zwangsläufigkeit wiederholt. Es beginnt mit einer kranzförmigen Ansiedelung von Korallen entlang der Küste, meist um eine kleine Insel herum. Dieser Korallensaum wird im Lauf der Zeit durch den Zuwachs an Korallenkalk stärker und damit breiter, sodass eine Riffplatte entsteht.

Durch unterschiedliche Einflüsse wie Sedimenteinspülungen vom Festland wird die Entwicklung der Organismen auf der Riffplatte gebremst, durch die größere Zufuhr von Plankton aus dem offenen Ozean an der Außenseite des Riffs gefördert, der Riffkante. Daraus resultieren schnelleres Wachstum der Korallen an der Riffkante und eine Rückbildung im Bereich der Riffplatte. Dadurch entsteht eine Lagune, die durch Erosion der toten Korallenskelette allmählich noch tiefer wird.

Die Riffkante befindet sich nun in einiger Entfernung vom Festland und ist dicht an die Wasseroberfläche herangewachsen, sodass sie die Insel wie ein Wall umgibt. Aus dem Saumriff ist nun also ein unechtes Barriereriff geworden. Man bezeichnet es als unecht, weil es mit der Küste in Verbindung steht. Ein echtes Barriereriff wie das bekannte Great Barrier Reef Australiens wächst nicht an der Küste, sondern an einer erhabenen Bodenstruktur in einiger Entfernung zur Küste.

Riffentstehung

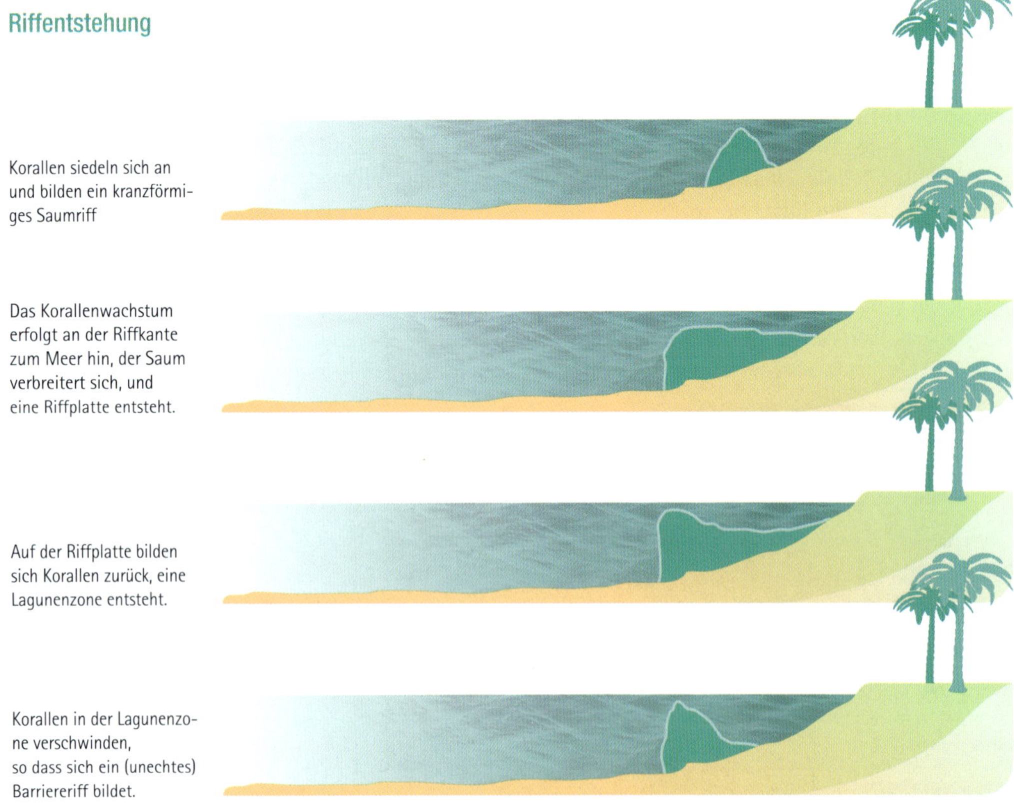

Leben heißt konkurrieren

Siedlungsraum ist im Riff eines der kostbarsten Güter und entsprechend hart umkämpft. Wer in diesem fortwährenden Ringen um Lebensraum unterliegt, wird sehr schnell von anderen Organismen unterdrückt und verdrängt. Für diese Auseinandersetzung mit der Konkurrenz haben alle Riffbewohner Strategien entwickelt. Oft werden dabei Nesselgifte eingesetzt, die andere Riffbewohner direkt oder indirekt schädigen. Auch schnelles Wachstum kann Teil einer solchen Strategie sein, denn dadurch kann eine Art eine andere überwachsen und sie abschatten, ihr das Licht oder die Wasserzufuhr abschneiden. Auch die Steinkorallen machen hier keine Ausnahme.

Aggression mit Kampftentakeln: Diese beiden Steinkorallen verlängern einzelne Tentakel, deren Enden halbkugelige Auftreibungen besitzen, sogenannte Acrosphären, dicht mit Nesselkapseln bestückt. Sie sollen andere Korallen in der Nachbarschaft auf Distanz halten (*Fimbriaphyllia* [=*Euphyllia*] *ancora* und *Echinopora lamellosa*)

Krieg der Korallen

Mit unterschiedlichsten Mitteln versuchen Korallen, sich gegen benachbarte Riffbewohner durchzusetzen, deren Ausbreitung zu begrenzen oder sie gar zurückzudrängen. Selbst Korallenarten mit kleinen Polypen wie *Pavona decussata* können nesselgiftbewehrte Kampftentakel entwickeln, die viele Zentimeter lang werden und mit dem Wasser fortwährend hin und her treiben,

Aggression mit Acontia: Auch mit den bandförmigen Strukturen, die im Gastralraum Verdauungssekrete produzieren, können Korallen ihre Nachbarn schädigen. Dabei wird das Gewebe des Kontrahenten nicht nur abgetötet, sondern auch aufgelöst und verdaut, um die Nährstoffe für eigenes Wachstum zu verwerten.

um einen Rivalen auf Distanz zu halten – gefährliche Waffen, die das Gewebe des Konkurrenten zerstören, bisweilen sogar aufnehmen und verdauen. Dadurch zieht der Angreifer dann gleich doppelten Nutzen aus seiner Attacke.

Darum lebt jede Koralle stets in der Gefahr, von anderen, benachbarten Nesseltieren zurückgedrängt oder sogar zerstört zu werden, sodass diese letztlich ihren Siedlungsraum einnehmen und sich ausbreiten. Doch nicht die Invasion angrenzender Flächen ist das primäre Ziel dieser Aggression, sondern eher das Bestreben, den Angriff durch andere Nesseltiere zu vermeiden, indem man ihm zuvorkommt – die Flucht nach vorn, in einer Welt, die das Faustrecht erfunden zu haben scheint.

Sobald ein Organismus untergeht, wird für andere Raum frei, um die ökologische Nische zu nutzen. Wer einen bestimmten Riffabschnitt über mehrere Jahre regelmäßig wieder besucht, wird feststellen, dass der Bestand an sessilen Wirbellosen sich fortwährend verändert, weil das Gleichgewicht der Kräfte sich ständig verschiebt. Der stete Wandel ist das einzig Konstante im Riff.

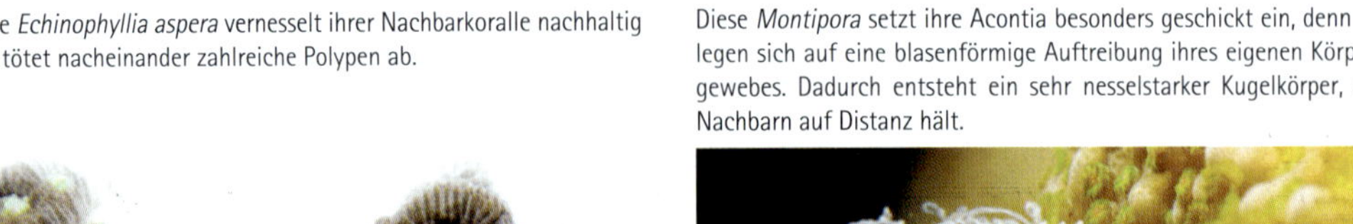

Diese *Echinophyllia aspera* vernesselt ihrer Nachbarkoralle nachhaltig und tötet nacheinander zahlreiche Polypen ab.

Diese *Montipora* setzt ihre Acontia besonders geschickt ein, denn sie legen sich auf eine blasenförmige Auftreibung ihres eigenen Körpergewebes. Dadurch entsteht ein sehr nesselstarker Kugelkörper, der Nachbarn auf Distanz hält.

Aggression mit Kampfpolypen: Diese *Goniopora* vernesselt die benachbarte *Caulastraea* fortwährend und tötet attackierte Polypen vollständig ab.

Selbst diese junge Nachzucht-*Goniopora* aus vegetativer Vermehrung pumpt zu Beginn ihres Wachstums einen Polypen zum Kampfpolypen auf, um in der Umgebung Korallen auf Distanz zu halten

Diese *Hydnophora*-Steinkoralle vernesselt die Äste einer benachbarten *Seriatopora hystrix*: Mehrere Stunden lang befingerten die Filamente die konkurrierende Koralle mit aktiven, schlängelnden Bewegungen und töteten dabei das gesamte vitale Gewebe des Astes ab.

Gegenseitige Abhängigkeit

Doch nicht nur das Gegeneinander der Arten bestimmt das Leben im Riff, sondern auch das Miteinander, denn letztlich sind alle voneinander abhängig. Das wird besonders bei den Lebensgemeinschaften deutlich, die sich durch Anpassung in Körperbau und Verhalten entwickelt haben und in denen die Stärken des anderen eigene Schwächen ausgleichen können. Auf diese Weise haben höchst unterschiedliche Lebewesen den Weg zueinander gefunden und bilden eine Art Zweckgemeinschaft, ganz ähnlich wie die Korallen und ihre Symbiosealgen. Man schützt sich gegenseitig, ernährt sich, reinigt sich oder erweist sich irgendwelche andere Dienste.

Bei dem Wort Symbiose sind wir spontan zumeist versucht, an Seeanemonen zu denken und an die Clownfische, die darin leben. Doch das ist nur eines von unzähligen Beispielen für marine Lebensgemeinschaften im Riff, wobei die Grenzen zwischen Symbiose, Kommensalismus („Tischgenossen") und Parasitose bisweilen sehr schwer zu ziehen sind.

Auch Steinkorallen haben solche Partner. Territoriale Fische, z. B. Zwergriffbarsche, leben bei oder in den Korallenstöcken, genießen bei Gefahr ihren Schutz als Rückzugsgebiet und verteidigen sie vehement gegen Angreifer. Andere Fische, etwa *Chromis*-Arten, ziehen sich in großen Gruppen in *Acropora*-Stöcke zurück, sind dort vor Angreifern geschützt und versorgen die Korallen dabei durch ihre Ammoniumausscheidungen über die Kiemen mit Nährstoffen. Ein wechselseitiger Nutzen also, bei dem man fast schon von einer symbiotischen Beziehung sprechen kann (THALER, pers. Hinw.). Farbenprächtige Symbiosekrabben leben im Inneren der Ko-

Zahlreiche Zwergriffbarsche, z. B. *Chromis*-Arten, ziehen sich in dichten Jungfisch-Schwärmen in eine Wohn-*Acropora* zurück. Deren Polypen könnten daraus durchaus Vorteile ziehen, weil die Fische permanent Ammonium ausscheiden, das für ihre Symbiosealgen ein wichtiger Nährstoff ist.

Porites-Korallenstöcke im Flachwasser sind in der Wuchshöhe durch die Tiefstebbe begrenzt und werden dadurch bisweilen regelrechte kleine Mini-Atolle, in denen sich unterschiedlichste Organismen ansiedeln wie Riesenmuscheln, Algen, Schwämme oder Steinkorallen. Auch Fische, Stachelhäuter und Krebstiere sind hier zu finden – eine kleine Welt für sich. Nach außen wachsen diese Korallen dann weiter und erreichen oft riesige Ausmaße.

rallenstöcke und vertreiben energisch kleinere Eindringlinge, ernähren sich von auf den Korallen parasitierenden Organismen wie Plattwürmern (F. Fricke, R. Baur-Kruppas, pers. Hinw. aus Aquarienbeobachtung) und drängen durch herbivore Ernährung im Basisbereich des Stocks das Wachstum von Makroalgen zurück (Knop 2001b).

Kommensale Organismen (also solche, die ihrem Wirt wohl nicht schaden, aber auch keinen Nutzen bringen) wie Röhrenwürmer oder Muscheln leben in den Steinkorallen und sind dadurch vor Räubern geschützt. Riesenmuscheln *Tridacna crocea* bohren sich bisweilen zu Hunderten in große, massive *Porites*-Korallen hinein und lassen sich vom Kalkskelett so weit überwachsen, dass nur noch ein schmaler Spalt offen bleibt, durch den sie ihren Mantellappen hindurchschieben können.

Spirobranchus-Röhrenwürmer sieht man ebenfalls bisweilen zu Hunderten auf *Porites*-Steinkorallen und Vertretern anderer Gattungen, dazwischen oft winzige Einsiedlerkrebschen der Gattung *Paguritta*, die frei gewordene Wohnröhren gestorbener Röhrenwürmer sofort besiedeln. Einige sind sogar innerhalb einer Koralle mobil und bewohnen mehrere Röhren, die sie abwechselnd beziehen. Sie wechseln zwischen den einzelnen Röhren und bearbeiten sorgfältig deren Ränder, um das Zuwachsen durch die Koralle zu verhindern. Auf diese Weise erhalten sie sich mehrere Unterschlupfmöglichkeiten, wie ich im Aquarium beobachten konnte.

Doch nicht nur harmlose Zeitgenossen leben auf bzw. in den Steinkorallen. Zahlreiche Parasiten, z. B. Nacktkiemerschnecken (Nudibranchia) oder Strudelwürmer (Turbellaria), ernähren sich vom Polypengewebe der Korallen.

Die winzigen Einsiedlerkrebse *Paguritta gacilipes* (im Bild) und *P. harmsi* siedeln oft in Steinkorallen, entweder in leeren Wohnröhren von Kalkröhrenwürmern oder im Koralliten eines *Cyphastrea*-Polypen, der offenbar ausgeräumt und zur Wohnhöhle vergrößert wird

Eng verzahnte Existenz im Riff

Die Lebewesen eines Riffs stehen zueinander in einer so intensiven Beziehung, dass sie ihre Entwicklung sogar gegenseitig beeinflussen. Man denke nur an die Koevolution durch die Räuber/Beute-Beziehung, die über Räuberselektion bei der Beute zu immer besseren Abwehrmechanismen führt und beim Fressfeind zu immer besseren Überwindungsmechanismen. Zu diesen Abwehrmechanismen gehören auch Mimikry (Nachahmung zumeist gefährlicher Tiere, die abschrecken soll) und Mimese (Nachahmung zumeist unbewegter Strukturen, die unauffällig machen soll).

Im Fall von Steinkorallen entdeckt man die Mimese beispielsweise bei den *Acropora* fressenden Plattwürmern *Prosthiostomum acroporae*, die im Aquarium in großer Zahl auf *Acropora*-Stöcken gefunden wurden, wo sie augenscheinlich parasitierten. Sie fraßen das bräunliche Gewebe der Steinkoralle, wodurch das weiße Skelett freigelegt wurde. Die Fressfeind-Selektion hat ihnen nun zu einer raffinierten farblichen Anpassung an das Korallengewebe verholfen: Diese Plattwürmer sind auf der Dorsalseite (Rücken) weiß, auf der Ventralseite (Bauch) bräunlich.

Befinden sie sich auf intaktem *Acropora*-Gewebe, das durch Symbiosealgen braun gefärbt ist, dann falten sie die randseitigen Anteile ihres Körpers nach oben, sodass Teile der bräunlich gefärbten unteren Körperseite den weißen Rücken bedecken. Damit sind sie farblich adaptiert. Es ist sogar anzunehmen – wenngleich nicht erwiesen –, dass sie durch Einlagerung gefressener Symbiosealgen die bräunliche Tönung ihrer Bauchseite verstärken und der Färbung der jeweiligen Wirtskoralle anpassen können. Befinden sich diese Plattwürmer auf einem kahl gefressenen, kreideweißen Teil des Korallenskeletts, wo nur noch winzige Polypenreste vorhanden sind, dann strecken sie ihren Körper aus, sodass nur die weiße Rückenseite zu sehen ist. Dann sind sie auf dem Korallenskelett kaum zu erkennen.

Cirripedien sind winzige, sessil lebende Krebse, von denen sich einige Arten in Steinkorallen ansiedeln (hier eine *Caulastraea*) und dort mithilfe ihrer borstentragenden Gliedmaßen Schwebenahrung einstrudeln

Im Fall dieser *Cyphastrea japonica* sind die Cirripedien jeweils in einen Koralliten eingedrungen, um den Polypen zu beseitigen und den Koralliten so zu manipulieren, dass er sich im erforderlichen Maß vergrößert

In Steinkorallen der Gattung *Porites* leben oft farbenprächtige Kalkröhrenwürmer der Gattung *Spirobranchus*

Auf Seiten der Plattwürmer gab es also eine Entwicklung, die sie an den Wirt anpasste. Ähnliches ist bei zahlreichen anderen Tieren zu sehen, die als Parasiten, Kommensalen oder Symbionten mit Korallen als Wirtstier zusammenleben, z. B. bei einer Fülle an Nacktschnecken, die ihren Körper in fantastischer Weise an das Äußere einer bestimmten Korallenart angepasst haben.

Auch viele Krebstiere vollführten umfassende körperliche Veränderungen, um sich an bestimmte Korallenarten als Wirt zu adaptieren. Das können farbliche Anpassungen sein, z. B. bei Partnergarnelen, oder funktionelle, wie bei den kleinen *Paguritta*-Einsiedlern.

Das Steinkorallenaquarium als artenreicher Biotop

Je mehr man sich mit dem natürlichen Lebensraum der Steinkorallen befasst, umso klarer wird, wie eng hier die Existenzen aller Organismen miteinander verzahnt sind. Dieses Netz gegenseitiger Abhängigkeiten unterschiedlichster Lebewesen im Riff ist sicher einer der Gründe für die Faszination, die Meeresaquarien im Allgemeinen und Steinkorallen im Speziellen auf uns ausüben. Wir sollten uns bewusst machen, dass Steinkorallen aus einem Ökosystem mit einer außerordentlich großen Vielfalt an Lebensformen kommen, einer Gemeinschaft, die von einem ste-

Riffaquarium des Autors nach zwölf Monaten Standzeit (2015)

ten Gegen- und Miteinander unterschiedlichster Lebewesen geprägt ist. Ziel der Aquarienpflege von Steinkorallen sollte darum nicht unbedingt sein, kostbare oder seltene Arten zu sammeln oder die Korallen nur gesund zu erhalten und in einem reinen Steinkorallenaquarium zum Wachsen zu bringen. Das eigentlich Begeisternde an der Aquarienhaltung von Steinkorallen ist es, Lebensgemeinschaften mit anderen Organismen entstehen zu lassen, wie wir sie auch im Korallenriff finden, etwa mit Muscheln, Würmern, Krebsen, Schwämmen, Fischen und den vielen anderen Tieren, die wir in ihrem natürlichen Lebensraum antreffen.

Eine relativ häufig auftauchende Symbiose ist die bereits erwähnte zwischen Steinkorallen der Gattungen *Pocillopora* bzw. *Acropora* und den kleinen Symbiosekrabben der Familie Trapeziidae, die darin meist paarweise leben. Ein weiteres Beispiel sind die Gallkrabben der Familie Cryptochiridae, die auf bestimmten Steinkorallen in einer absolut faszinierenden Weise leben: Das größer werdende Weibchen lässt sich vom Kalkskelett der Koralle umwachsen, sodass ein Hohlraum entsteht, den man in Anlehnung an eine Pflanzengalle auch als Galle bezeichnet. Das Krebsweibchen kratzt an einer bestimmten Stelle einer Astgabelung der Koralle. Das schädigt die Polypen und verhindert deren Neubildung. Diese Störung wird so lange fortgesetzt, bis sich atypisches Korallenwachstum entwickelt und ein Hohlraum entsteht.

In diesem Hohlraum verbringt das Krebsweibchen sein gesamtes Leben; es verbleibt permanent im Innern dieser Galle und ernährt sich von herbeigestrudelter Planktonkost, während das deutlich kleinere Männchen in der Nähe auf derselben Koralle wohnt, also außerhalb. Nur zur Befruchtung schlüpft es kurz zum Weibchen durch die Öffnung in die Galle hinein.

Insgesamt 21 Gattungen solcher Gallkrabben kennt man, und sie sind im natürlichen Lebensraum durchaus nicht selten. Oft könnten sogar Korallen, die über den Aquaristikfachhandel in private Korallenriffaquarien gelangen, derartige Gallen und die dazugehörigen, nur wenige Millimeter großen Gallkrabben aufweisen – doch es wird üblicherweise nicht bemerkt. Oft handelt es sich dabei um Korallen der Gattung *Stylophora* (Abbildungen siehe dort).

Riffaquarium des Autors: A – Einrichtung mit Lebendgestein (2014); B – Bestückung ausschließlich mit Korallenfragmenten aus vegetativer Vermehrung; C – nach einem Monat; D – nach vier Monaten (Jan. 2015); E – nach einem Jahr und zehn Monaten (Jul. 2016); F – nach drei Jahren und zwei Monaten (Nov. 2017)

D

E

F

Kapitel 2

Natürliche Fortpflanzung von Steinkorallen

Dieses *Fungia-fungites*-Skelett zeigt zahlreiche Anthocauli, gestielte Jungpolypen mit eigenem Skelett, die sich mit zunehmender Größe irgendwann vom Mutterkoralliten abtrennen und solitär leben

Natürliche Fortpflanzung von Steinkorallen

Alle Polypen dieser *Montastrea* sind bereit, ein Keimzellpaket auszustoßen Foto: R. Harker

Eine Steinkoralle hat in ihrem Leben Schwierigkeiten zu meistern, von denen wir Menschen uns normalerweise kaum eine Vorstellung machen. Nicht genug damit, dass sie durch ihre sessile Lebensweise weder vor Räubern fliehen noch Nahrung aufsuchen kann; sie muss ihre Keimzellen auch zu entfernt lebenden Artgenossen transportieren – durch ein Heer hungriger Mäuler hindurch. Zugleich muss sie den Zeitpunkt dieser Keimzellabgabe mit jener der Artgenossen synchronisieren, damit eine Befruchtung mit genetischem Austausch zustande kommt. Für ein Lebewesen ohne Sinnesorgane und hoch entwickeltes Nervensystem ist das eine logistische Meisterleistung.

Um dieses Kunststück zu vollbringen, haben die Korallen eine geradezu unglaubliche Strategie entwickelt: Sie richten sich nach bestimmten Umgebungsveränderungen, die für alle Korallen wahrnehmbar sind, und verwenden sie als Signal. Treten diese Parameter ein, dann pressen die Polypen unzähliger Korallenstöcke wie auf ein geheimes Kommando ein kleines rötliches oder hellrosafarbenes Bällchen durch ihre Mundöffnung. Diese Keimzellbündel steigen dann langsam über der Koralle auf, bis sie schließlich von der Wasserströmung erfasst und rasant fortgetragen werden. An der Wasseroberfläche öffnen sie sich und geben ihren Inhalt frei: Eizellen und die Spermien, um die nächste Generation von Korallen zu erzeugen.

Langsam steigen die kugelförmigen Keimzellpakete nach oben Foto: R. Harker

Bald bildet sich an der Meeresoberfläche ein Teppich aus lebenden Korallenembryonen, Eizellen und Spermien, bis zu 10 m breit und mehrere Kilometer lang. Das ist weithin wahrnehmbar und sogar von einem tief fliegenden Flugzeug aus gut zu sehen. Das hat dazu geführt, dass der Begriff „Massenablaichen von Steinkorallen“ nicht nur Meeresbiologen und Riffaquarianern bekannt ist, sondern auch vielen Menschen, die mit dem Korallenriff sonst nie Berührung haben.

Kurioserweise wurde diese Massenhochzeit der Steinkorallen erst vor wenigen Jahrzehnten entdeckt. Ihr folgt an der australischen Küste eine Planktonblüte, weil viele tierische Planktonorganismen (Zooplankter) wie bestimmte Kleinkrebse oder Pfeilwürmer sich infolge des enorm großen Nahrungsangebots rasant vermehren. Dies wiederum zieht diejenigen Tiere auf den Plan, die sich von solchen planktonischen Krebsen ernähren: Walhaie. Sie erscheinen zu dieser Jahreszeit in großer Zahl in Küstennähe, um bei den Steinkorallenriffen Unmengen an tierischem Plankton abzufangen, die sich im Gefolge der Korallenhochzeit angesammelt haben.

Synchronisationsmechanismen

Was sind die auslösenden Faktoren, die eine solche Signalwirkung haben? Ist es das Mondlicht, vielleicht gemeinsam mit den im Frühling langsam steigenden Wassertemperaturen? Vieles spricht dafür, denn ein Massenablaichen findet oft einige Tage nach Vollmond im Spätfrühling statt, bevor dann im Sommer viele wolkenfreie Tage den Jungkorallen hohe Beleuchtungsstärken garantieren.

Diese Annahme wird auch durch die Tatsache untermauert, dass Korallen aus größeren Tiefen, die Lichteinflüsse oder veränderte Wassertemperaturen aus dem Oberflächenbereich nicht wahrnehmen, meist Brüter sind und die Larven in ihrem Inneren heranreifen lassen. Bei ihnen reicht es aus, wenn eine Koralle mit männlichen Gonaden Spermien in das Freiwasser abgibt, die dann von einer weiblichen Koralle derselben Art in der Nachbarschaft jederzeit aufgenommen werden können. Eine Synchronisierung ist nicht nötig; die Befruchtung und das Heranreifen der Larven finden, wie erwähnt, im Inneren der weiblichen Koralle statt.

Das funktioniert so gut, dass es solche Brüter auch im Flachwasser gibt. *Pocillopora damicornis* beispielsweise produziert das ganze Jahr über Larven, sogar als hermaphroditischer Brüter, der männliches und weibliches Geschlecht zugleich besitzt und zudem auf ungeschlechtlichem Weg Larven erzeugen kann (Parthenogenese). Dadurch muss sie nicht einmal einen Artgenossen in der Nähe haben. Für diese Korallen bestehen kaum Notwendigkeiten, sich an dem Massenablaichen zu beteiligen; die Larvenabgabe vollzieht sich hier unabhängig von Mondzyklen das ganze Jahr über (z. B. *Pocillopora damicornis*) oder zu bestimmten Jahreszeiten (z. B. *Turbinaria*-Arten im Herbst). Kompliziert wird die Angelegenheit aber dadurch, dass viele Korallenarten zwischen dem Brüten und dem Freilaichen pendeln können und je nach geografischer Lokalisation die eine oder die andere Strategie bevorzugen. Es sind Arten bekannt, die an einem Standort nur eine Keimzellenabgabe pro Jahr durchführen, an anderen jedoch das ganze Jahr über Keimzellen freisetzen.

Zahlreiche Korallenarten beteiligen sich an dem Massenablaichen
Foto: R. Harker

Doch über die Mechanismen zur Synchronisation eines Massenablaichens im Riff lässt sich nur wenig Sicheres sagen, man weiß darüber einfach noch zu wenig. So ist es beispielsweise durchaus möglich, dass der auslösende Faktor nicht der Vollmond selbst ist, sondern andere, sekundäre Effekte, die damit zusammenhängen, wie beispielsweise Gezeitenveränderungen. Wie sonst wäre es zu erklären, dass die Korallen auch dann einige Tage nach Vollmond ablaichen, denn dieser vollständig durch eine dicke Wolkendecke verdeckt war?

Selbst ein Pheromon, das während der Eireifung der Korallen eine Rolle spielt, ist als auslösender Botenstoff im Gespräch. Atkinson & Atkinson (1992) maßen während eines Massenablaichens im australischen Great Barrier Reef eine deutliche Erhöhung von Estradiol 17 b im Meerwasser. Von Riesenmuscheln ist bekannt, dass sie die Keimzellenabgabe über Pheromone synchronisieren (vgl. Knop 1994), wenngleich mit einer anderen Substanz. Darum ist denkbar, dass Estradiol 17 b bei Steinkorallen ein auslösender oder zumindest ein verstärkender Faktor ist.

Zweifellos ist die erhöhte Konzentration von Estradiol 17 b im Meerwasser auf Freisetzungen der sich auflösenden Eizellpakete zurückzuführen, denn diese enthalten eine große Menge dieser Substanz. Das untermauert die Annahme, dass ihr die Rolle eines Botenstoffs als Pheromon zukommt, der möglicherweise andere Auslösefaktoren verstärkt. Auch das gelegentlich in Korallenriffaquarien auftretende Massenablaichen von Korallen stützt die Vermutung, dass es einen auslösenden Signalstoff auf biochemischer Ebene geben muss, denn hier lässt sich im Normalfall kein Zusammenhang mit tatsächlichen Mondphasen nachweisen, und meist wurden diese auch nicht vom Aquarianer künstlich simuliert.

Massenablaichen – Strategie gegen Fraßverluste

Keimzellen – auch als Gameten bezeichnet – werden im Rahmen des Massenablaichens im Riff von unterschiedlichsten Organismen zur gleichen Zeit abgegeben. Zwischen den Artgenossen unter den Steinkorallen ist diese Synchronisierung natürlich wichtig, damit die Keimzellen auch tatsächlich ausgetauscht bzw. befruchtet werden können. Warum aber beteiligen sich Korallen verschiedenster Arten, Gattungen und Familien an diesem Spektakel, wenn sie untereinander gar nicht fruchtbar sind, sondern immer nur innerhalb einer Art?

Einerseits profitieren sie davon, dass die Synchronisierung bereits erfolgt ist – sie müssen nur mitmachen. Und andererseits versuchen sie auf diese Weise, die Fraßverluste in Grenzen zu halten. Für unzählige hungrige Mäuler im Riff ist eine solche Korallenhochzeit ein Festessen, doch auch der gierigste Fresser kann sich nur einmal den Bauch vollschlagen. Darum ist es also beim Massenablaichen für nahezu jede Tierart vorteilhaft, ihre geschlechtliche Vermehrung mit derjenigen anderer Spezies zu synchronisieren. Selbst Schnecken und Seeigel beteiligen sich oft daran.

Eine *Fungia*-Steinkoralle gibt im Aquarium Spermien ab

Trotzdem aber kommt es natürlich bei jeder Steinkorallenart während des Massenablaichens zu großen Fraßverlusten an Larven, denn diese machen in der Regel ein pelagisches Stadium durch, in dem sie als Plankton im Wasser treiben – und an Planktonfressern herrscht kein Mangel. Das ist der Preis, den eine Koralle für die geschlechtliche Vermehrung mit all ihren Vorteilen zahlen muss. Der genetische Austausch ermöglicht durch Mutationen, sich an veränderte Umgebungsbedingungen anzupassen, und die planktonischen Larven erlauben eine Ausbreitung der Art auch über große Entfernungen. Das rechtfertigt die großen Verluste an Keimzellen, für deren Produktion die Korallen viel Energie aufwenden müssen.

Geschlechtsreife von Korallen

Voraussetzung für die sexuelle Vermehrung ist die Geschlechtsreife der Korallen, denn nicht jedes Stückchen *Acropora* oder *Montipora* ist dazu in der Lage, Keimzellen zu produzieren. Ob getrenntgeschlechtliche Korallen oder Hermaphroditen, die Geschlechtsreife ist abhängig von

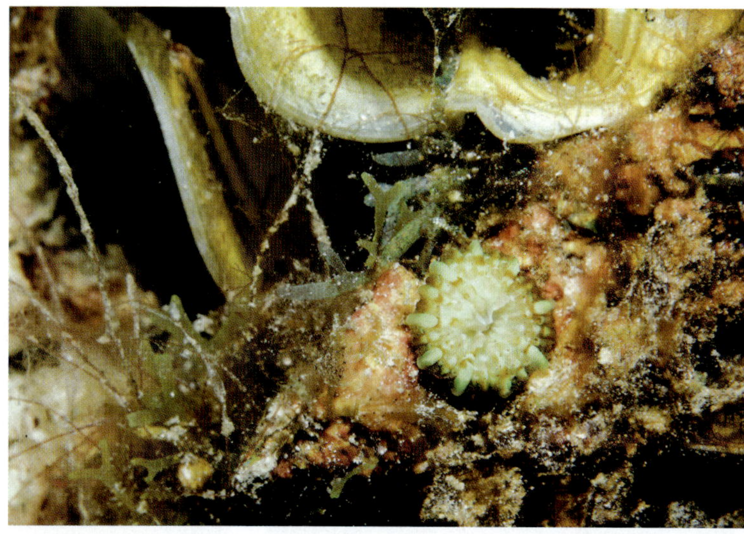

Gelingt es der Steinkorallenlarve, sich auf passendem Substrat anzusiedeln, wächst sie bald zu einer kleinen Koralle heran

Alter und Größe des Korallenstocks. Eine junge Koralle wächst stärker als eine ältere und größere, investiert ihre Energie also in den Zuwachs an Biomasse. Erst mit zunehmender Größe ist das schnelle Wachstum weniger überlebenswichtig, und dann kann Energie in die Produktion von Keimzellen investiert werden. Aber selbst in den Wachstumszonen eines geschlechtsreifen Korallenstocks findet man bei schnellwüchsigen, arboreszenten (baumartig verzweigten) Arten junge Polypen, die noch nicht geschlechtsreif sind. Und wenn wir in einem Aquarium die Korallen regelmäßig kürzen, damit sie nicht zu groß und zu mächtig werden, versetzen wir damit auch geschlechtsreife Steinkorallen wieder zurück in einen Zustand, in dem sie ihre Energie in Wachstum investieren. Sie müssen dann die Verluste ausgleichen, mit der Folge, dass sie in dieser Phase keine Keimzellen entwickeln. Fragmentieren wir unsere Korallen regelmäßig, verhindern wir damit zwangsläufig, dass sie geschlechtsreif werden.

Klonale Vermehrung

Als alleinige Vermehrungsweise eines Korallenpolypen ist die geschlechtliche Fortpflanzung nicht ausreichend. Darum besitzen Steinkorallen – wie auch viele andere Wirbellose im Riff – die Fähigkeit zur klonalen Vermehrung. Das bedeutet, dass sie durch Teilung Tochterindividuen mit identischem Erbgut erzeugen – sie klonen sich sozusagen selbst. Zwar ist noch nicht sicher geklärt, ob bei klonaler Fortpflanzungsweise die Nachkommen auch Mutationen erzeugen können, doch ausschließen lässt sich das nicht, denn für Wirbeltiere gibt es hier erste Belege: Der Amazonas-Kärpfling (*Poecilia formosa*), der sich nur ungeschlechtlich über Parthenogenese fortpflanzt, ist dazu in der Lage, hilfreiche Mutationen zu entwickeln (Warren et al. 2018).

Doch selbst wenn bei der klonalen Vermehrung von Korallenpolypen keinerlei genetische Variationen entstehen würden, die die Spezies an eine veränderte Umgebung anpassen könnten, böte sie gewaltige Vorteile. Ein Austausch von Geschlechtszellen, der bei einem festgewachsenen Tier immer ein großes Problem darstellt, fällt bei dieser Fortpflanzungsweise weg. Dadurch fehlt die Notwendigkeit, die Fortpflanzung zwischen vielen Organismen zu synchronisieren, und das macht zeitlich unabhängig. Die Polypen einer Koralle können also zu einem beliebigen Zeitpunkt

Im Basisbereich erzeugen viele massiv oder säulenförmig wachsende Steinkorallenarten wie diese *Pavona clavus* lamellenähnliche Strukturen, die nicht nur auf benachbartes Substrat wachsen können, sondern auch leicht abbrechen, mit der Strömung verdriften und anderswo heranwachsen

Dieser *Acropora*-Axialpolyp hat gerade durch Teilung einen neuen Radialpolypen hervorgebracht, und die bräunliche Ansammlung von Symbiosealgen verrät bereits die Stelle, an der der nächste Polyp bald entstehen wird

geklonte Tochterpolypen erzeugen. Ein weiterer Vorteil ist, dass hier kein Larvenstadium existiert, was die Fraßverluste minimiert.

Doch noch etwas kommt hinzu: Erst diese klonale oder vegetative Vermehrung ermöglicht die Entstehung eines Korallenstocks, der ja immer aus zahlreichen Einzelindividuen mit identischem Erbgut besteht. Dabei teilt sich ein Polyp und erzeugt zwei Tochterpolypen, ein Vorgang, der in gewisser Weise an eine Zellteilung erinnert. Dadurch vergrößert sich der Korallenstock und bildet die artspezifische Form aus. Bei *Acropora*-Korallen ist dies besonders gut zu beobachten, denn sie besitzen stets einen Axialpolypen,

Korallenfarmprojekt des Autors im Karimunjawa-Archipel in Indonesien

der auf der Spitze des Astes sitzt. Dieser erzeugt seitlich durch Sprossung Tochterpolypen, die an Ort und Stelle bleiben. Man bezeichnet sie als Radialpolypen. Der Ast wächst dabei in die Länge, und der Axialpolyp bleibt stets an der Astspitze.

Aber nicht nur das Wachstum des Korallenstocks wird dadurch erreicht: Es bilden sich oft auch sehr fragile Strukturen an der Koralle, die gelegentlich durch Gewalteinwirkung von außen – Wasserturbulenzen, schwimmende Fische etc. – abbrechen und mit der Strömung fortgetrieben werden. Zahlreiche Gattungen sind hierfür beispielhaft, wie *Montipora, Echinopora, Echinophyllia* und andere. Auch massiv oder säulenförmig wachsende Korallen wie z. B. *Pavona clavus* bilden im Basisbereich lamellöse Strukturen aus, die leicht abbrechen. Diese Fragmente können dann dort, wo sie mehr oder weniger zufällig hingespült werden, einen neuen Korallenstock entstehen lassen, wenn die Umgebungsbedingungen geeignet sind. Diese Fragmentierung mithilfe äußerer Einwirkung ist das, was in der Korallenriffaquaristik für die vegetative Vermehrung von Korallen eingesetzt wird, im privaten Riffaquarium ebenso wie in Korallenfarmen.

Blick in ein Korallenbrutstock-Becken des landgestützten Korallenfarmbetriebs von Jürgen Wendel

Polypenausbürgerung, Anthocaulusbildung und Satellitenkolonien

Auch andere klonale Vermehrungsweisen sind bekannt, die z. T. Reaktionen auf Stress darstellen. Ein treffendes Beispiel dafür sind die winzigen Acanthocauli, die z. B. Pilzkorallen der Familie Fungiidae bisweilen bilden, während der Polyp erkennbar zugrunde geht. Nicht nur in der Natur ist das zu beobachten, beispielsweise, wenn eine solche Pilzkoralle teilweise mit Bodengrund bedeckt wurde, sondern auch im Aquarium. Dieses Phänomen scheint jedoch nicht auf *Fungia* und verwandte Gattungen beschränkt zu sein, denn es wurde inzwischen auch bei anderen Korallen beobachtet, z. B. bei der Blasenkoralle *Plerogyra sinuosa*, die früher zur Familie Euphylliidae gehörte gehörte, und für die ROWLETT im Jahr 2020 die neue Familie Plerogyridae einrichtete. Skelette scheinbar abgestorbener *Plerogyra*-Korallen, die in ein Filterbecken gelegt worden waren, ließen an unterschiedlichsten Stellen ihrer Oberfläche winzige Tochterpolypen entstehen.

Bisher war man der Ansicht, es handle sich bei den beschriebenen Vorgängen bei *Fungia* um die Vermehrung einer verendenden Koralle als letzte Anstrengung zur Arterhaltung. Doch meine

Diese *Fungia*-Skelette zeigen zahlreiche Anthocauli, gestielte Jungpolypen mit eigenem Skelett, die sich mit zunehmender Größe irgendwann vom Mutterkoralliten abtrennen und solitär leben

Das hier zu sehende *Plerogyra-sinuosa*-Skelett besitzt im Innern noch lebendes Polypengewebe, und aus Resten bilden sich zahlreiche Anthocauli

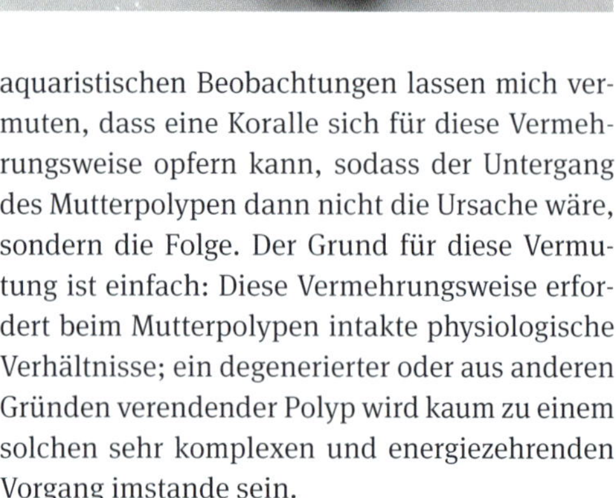

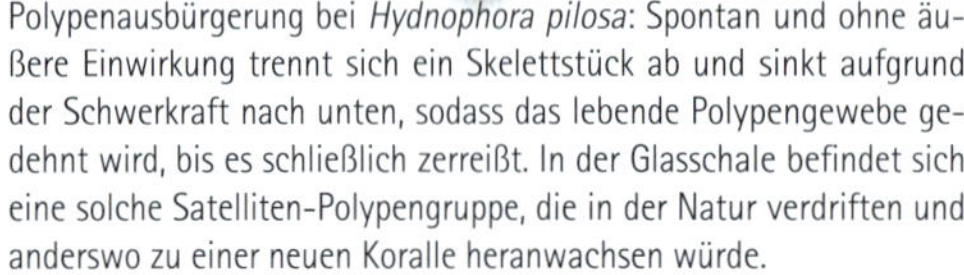

Polypenausbürgerung bei *Hydnophora pilosa*: Spontan und ohne äußere Einwirkung trennt sich ein Skelettstück ab und sinkt aufgrund der Schwerkraft nach unten, sodass das lebende Polypengewebe gedehnt wird, bis es schließlich zerreißt. In der Glasschale befindet sich eine solche Satelliten-Polypengruppe, die in der Natur verdriften und anderswo zu einer neuen Koralle heranwachsen würde.

aquaristischen Beobachtungen lassen mich vermuten, dass eine Koralle sich für diese Vermehrungsweise opfern kann, sodass der Untergang des Mutterpolypen dann nicht die Ursache wäre, sondern die Folge. Der Grund für diese Vermutung ist einfach: Diese Vermehrungsweise erfordert beim Mutterpolypen intakte physiologische Verhältnisse; ein degenerierter oder aus anderen Gründen verendender Polyp wird kaum zu einem solchen sehr komplexen und energiezehrenden Vorgang imstande sein.

Eine weitere Erscheinung, die ebenfalls oft in Aquarien beobachtet wurde, ist die Ausbürgerung von Polypen aus einem Korallenstock. Hier-

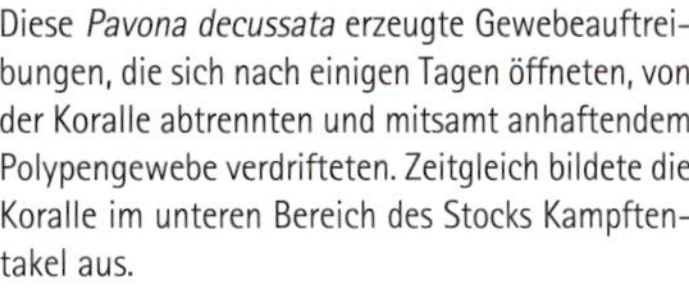

Diese *Pavona decussata* erzeugte Gewebeauftreibungen, die sich nach einigen Tagen öffneten, von der Koralle abtrennten und mitsamt anhaftendem Polypengewebe verdrifteten. Zeitgleich bildete die Koralle im unteren Bereich des Stocks Kampftentakel aus.

bei kann ein einzelner Polyp ohne Skelett im Innern ausgestoßen werden („polyp bail-out", Polypenausbürgerung) oder eine ganze Polypengruppe, die im Innern ein Kalkskelett besitzt („satellite colony", Polypenknäuel, Satellitenkolonie). Diese treiben mit der Wasserströmung fort, um sich an anderer Stelle im Riff anzusiedeln. Die Ausbürgerung von Polypen konnte ich z. B. bei *Hydrophora* und *Pavona* dokumentieren, die Bildung von Satellitenkolonien etwa bei *Goniopora*.

Bisweilen geht die Ausbürgerung von Polypen oder Polypengruppen auch mit der Bildung von Kampftentakeln einher, wie ich im Fall einer *Pavona decussata* in meinem 6.000-l-Riffbecken über mehrere Jahre hinweg immer wieder beob-

achtete. Dabei blähte sich das Gewebe des etwa 18 cm großen Stocks an vielen Stellen ballonartig auf, und es bildeten sich zahlreiche Blasen, die bis zu Haselnussgröße aufgetrieben wurden. Darauf befanden sich deutlich sichtbar ganze Polypen. Nach einiger Zeit öffneten sich die Blasen, sodass das Gewebe schlaff herabhing, um sich schließlich von der Mutterkoralle abzutrennen.

Interessanterweise wurde dies nur in Zonen mäßiger Beleuchtung beobachtet, während andere *P.-decussata*-Stöcke an heller beleuchteten Stellen desselben Aquariums dieses Verhalten niemals zeigten. Möglicherweise wird die geschilderte Gewebeabstoßung durch ungünstige Umgebungsverhältnisse ausgelöst und dient nicht primär der Vermehrung, sondern der Arterhaltung.

Bemerkenswert ist außerdem, dass sich das Öffnen bereits länger vorhandener Blasen und das Abtrennen der Gewebefetzen vollzogen, während die *Pavona decussata* zugleich eine benachbarte *Montipora digitata* mit Kampftentakeln heftig attackierte. Möglicherweise handelte es sich hier um eine Kombination von Aggression und Fortpflanzung, denn die Koralle streckte ihre Kampftentakel nicht nur dort aus, wo sich die *Montipora* befand, sondern im gesamten unteren Bereich des Stocks. Es ist denkbar, dass mithilfe der Kampftentakel benachbarte Wirbellose zurückgedrängt werden sollen, damit die in den Gewebefetzen enthaltenen Polypen sich auf dem Substrat ansiedeln können.

Insgesamt kennt man also eine ganze Reihe ungeschlechtlicher Vermehrungsweisen von Korallen in der Natur: Teilung eines Polypen (klonale Vermehrung, Spaltung, Fission), Fragmentierung von Teilen der Koralle, Polypenausbürgerung, Bildung von Satellitenkolonien und Produktion ungeschlechtlich erzeugter Larven. Betrachtet man darüber hinaus noch die geschlechtliche Fortpflanzung der Steinkorallen, wird deutlich, welch großen Einfallsreichtum die Natur besitzt, wenn es darum geht, die Schwierigkeiten eines Lebensraums zu meistern.

Diese Larve einer *Pocillopora damicornis* verdriftet zunächst fünf Tage lang Foto: S. Tyree

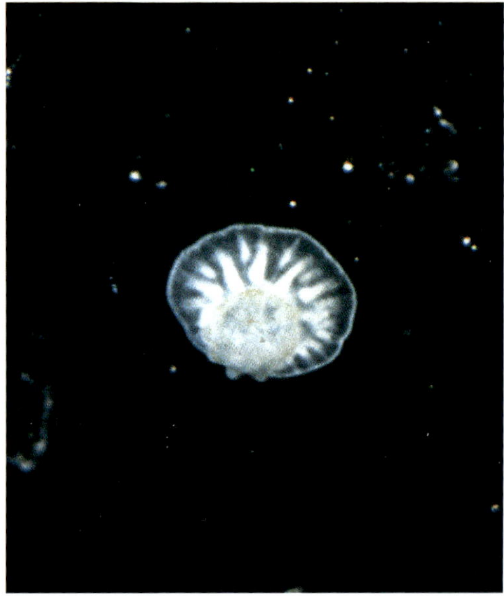

Zwei Tage nach Ansiedlung der Larve hat sich bereits eine Fußscheibe gebildet Foto: S. Tyree

Im Alter von sieben Tagen sind bereits Symbiosealgen als bräunliche Flecke zu erkennen. Die Korallenpolypen haben sie aus dem Freiwasser aufgenommen und in ihren Körper eingeschleust. Foto: S. Tyree

Im Alter von 14 Tagen sind die Symbiosealgen in den Tentakeln deutlich zu sehen, und im Basisbereich haben sich bereits mehrere Tochterpolypen gebildet Foto: S. Tyree

Kapitel 3

Kalksynthese von Steinkorallen

Steinkorallen-Nachzuchten in einem Messe-Ausstellungsbecken der Firma Korallenzucht.de

Kalksynthese von Steinkorallen

Die Kalksynthese der tropischen Riffkorallen ist an bestimmte Wassertemperaturen gebunden, denn sie funktioniert nur in einem engen Temperaturbereich zwischen 18 und ca. 32 °C. Darum existieren Riffe mit symbiotisch lebenden Korallen nur innerhalb bestimmter Breitengrade („Riffgürtel“, 25 °N bis 25 °S).

Allerdings gibt es auch außerhalb dieser Grenzen Riffe, wie z. B. das vor Norwegens Küste nahe der Hafenstadt Bergen – hier funktioniert die Kalksynthese also bei wesentlich niedrigeren Temperaturen, wenn auch erheblich langsamer. Dieses Riff misst über 900 m Länge, ist 200–600 m breit und bis 30 m hoch, hauptsächlich von der sehr langsam wachsenden Koralle *Lophelia pertusa* besiedelt. Diese Art existiert hier vor der norwegischen Küste seit rund 8.000 Jahren, und die Stöcke legen pro Jahr wenige Zentimeter an Größe zu. Die Korallenarten, die hier leben, stammen ganz offensichtlich von tropischen Korallen ab und sind sehr wahrscheinlich nach der letzten Eiszeit als Larven über den Golfstrom dorthin gelangt. *Lophelia pertusa* beispielsweise hat Verwandte, die in tropischen Riffen in bis zu 1.000 m Tiefe existieren, also bei ähnlich niedrigen Wassertemperaturen wie die der norwegischen Tiefwasserriffe. Ebenso wie die Steinkorallen in den tropischen Riffen erzeugt auch *L. pertusa* Kalk und baut dadurch das Riff auf. Bei den Korallen, die hier und in ähnlichen Riffen an anderer Stelle außerhalb des Riff-

Vier seltene Tiefwasserkorallen: oben links *Stephanocyathus spiniger*, oben rechts *Flabellum pavonium*, unten links *Flabellum deludens* (alle drei aus ca. 150 m Tiefe) sowie unten rechts *Lophelia pertusa* aus norwegischen Tiefwasserriffen

Was sind riffbildende Korallen?

gürtels existieren, handelt es sich jedoch nicht um symbiotisch lebende Arten.

Die Tiefwasserriffe mit den gewaltigen *Lophelia-pertusa*-Vorkommen sind ein anschaulicher Beleg dafür, dass der Begriff „riffbildende Korallen" (hermatypische Korallen) nicht mit der Kategorie „symbiotisch lebend" (zooxanthellat) gleichgesetzt werden darf, wie dies fälschlich meist geschieht.

Eine Steinkoralle kann durchaus in Symbiose mit Zooxanthellen existieren, ohne riffbildend zu sein, weil sie solitär außerhalb des Riffs lebt und nicht zum Aufbau der Riffsubstanz beiträgt. Ein Beispiel dafür wäre die rund 25 mm große *Heteropsammia cochlea*, die im gesamten zentralen Indopazifik gelegentlich im Weichboden zu finden ist.

Das Gegenstück dazu wäre eine Steinkoralle, die keine Symbiosealgen besitzt, aber trotzdem riffbildend ist, wie beispielsweise die erwähnte *Lophelia pertusa* in den Kaltwasserriffen vor der norwegischen Küste. Zwar handelt es sich hier um azooxanthellate Tiefwasser-Korallengemeinschaften und nicht um die tropischen Riffe, die in diesem Buch im Mittelpunkt stehen, aber es sind riffbildende Korallen, nur eben ohne Symbiosealgen. Und auch in der Lichtzone eines tropischen Korallenriffs begegnen wir Steinkorallen, die keine Symbiosealgen aufweisen, sich aber trotzdem am Riffaufbau beteiligen, z. B. Arten der Gattungen *Tubastraea* oder *Dendrophyllia*.

Heteropsammia cochlea (oben) ist eine zooxanthellate Steinkoralle, die aber nicht riffbildend (hermatypisch) ist, während *Tubastraea* (unten) zwar keine Symbiosealgen besitzt, aber dennoch riffbildend (hermatypisch) ist. Die zooxanthellate Lebensweise ist also kein verlässliches Kriterium dafür, dass eine Steinkoralle einen Beitrag zur Riffbildung leistet, auch wenn es meist der Fall ist.

Kalkbildung

Was wir bei symbiotisch lebenden Steinkorallen jährlich an Größenzunahme erleben, geht weit über das hinaus, was azooxanthellate Steinkorallen, die keine Symbiosealgen besitzen, an Kalksubstanz und lebender Körpermasse produzieren können. Ein tropisches Korallenriff erzeugt pro Jahr und Quadratmeter mehr als 10 kg Kalk, wobei der allergrößte Teil dieser Leistung auf Steinkorallen zurückgeht und nur ein geringer Prozentsatz auf Kalkalgen und kalkbildende Wirbellose wie Muscheln, Kalkröhrenwürmer und andere. Der Grund für diese überragende Kalksyntheseleistung der Steinkorallen liegt in der Lebensgemeinschaft mit den Symbiosealgen.

Einerseits liefern die Algen mehr als neun Zehntel ihrer Fotosyntheseprodukte an die Koralle ab, was dem Wirtstier einen großen Stoffwechselvorteil bringt, und andererseits beschleunigen die Symbiosealgen die Kalkbildung der Korallen enorm. Wenn die Algen dem Meerwasser für ihre Fotosynthese CO_2 entziehen, dann kommt es zur Dissoziation (Trennung) des Kalziumhydrogenkarbonats $Ca(HCO_3)_2$ in Kalziumkarbonat $CaCO_3$ und Kohlensäure H_2CO_3. Die Kohlensäure ihrerseits dissoziiert wieder zu Wasser und Kohlendioxid:

$$Ca(HCO_3)2 \leftrightarrow CaCO_3 + H_2CO_3 \leftrightarrow H_2O + CO_2$$

GOREAU stellte 1961 die Bedeutung der Fotosynthese für die Kalksynthese fest, als er nachwies, dass die Kalkbildungsrate zooxanthellater Steinkorallen in der Starklichtzone zwei- bis zehnmal so hoch ist wie die von Korallen in der Dunkelzone. Hinzu kommt offenbar auch die Phosphatentfernung durch die Symbiosealgen in der Gewebezelle der Koralle, denn die Anwesenheit von Phosphat hemmt die Kalkbildung. Ohne die Phosphataufnahme durch die Symbiosealge würde die Kalksynthese zooxanthellater Steinkorallen also langsamer ablaufen.

Ein tropisches Korallenriff erzeugt pro Jahr und Quadratmeter mehr als 10 kg Kalk. Im Riffaquarium setzt die Kalksynthese die ausreichende Zufuhr aller verbrauchten Mineralien voraus, insbesondere Kalk (Aquarium P. v. Suijlekom, Aufnahme 2009).

Voraussetzungen für die Kalksynthese

Bei dem Skelett einer Steinkoralle handelt es sich nicht einfach um feste Kalkmasse, die ein Gebilde in der arttypischen Form erzeugt. Es ist vielmehr ein komplexes Gerüst aus Kalzium-, Strontium- und Magnesiumkristallen, und diese drei Substanzen kann man im Skelett der Steinkorallen stets in einem bestimmten Verhältnis zueinander nachweisen. Die genauen Mechanismen der Kalksynthese sind allerdings noch unbekannt, und auch die Frage, welche mineralischen Elemente für die Kalkbildung nötig sind, ist noch nicht abschließend beantwortet. Zwar kann man aus Aquarienbeobachtungen gewisse Schlüsse ziehen, doch fehlen dafür die Belege.

Klar ist hingegen, dass der Kalziumgehalt des Meerwassers etwas oberhalb von 400 mg/l liegen muss. Im Salzwasser misst man Werte in der Größenordnung von 380–480 mg/l, und unterhalb dieses Kalziumgehalts verringert sich die Kalksynthese der Korallen deutlich wahrnehmbar. Kalziumwerte um 350 mg/l kann man für gutes Steinkorallenwachstum als Minimalgrenze ansehen, und unterhalb von 250 mg/l wird die Kalkbildung der Steinkorallen praktisch eingestellt.

Eine weitere Voraussetzung für die Kalksynthese ist eine Karbonathärte von ca. 7 °dKH, was dem Wert im natürlichen Meerwasser entspricht. Zwar vermutet man, dass diese Karbonate von den Steinkorallen nicht direkt in das Skelett eingelagert werden (SPRUNG & DELBEEK 1994), doch die Karbonatbildung im Gewebe des Polypen leidet, wenn im umgebenden Meerwasser der natürliche Karbonathärtewert deutlich unterschritten wird.

Neben dem bereits erwähnten Temperaturbereich ebenfalls sehr wichtig ist der pH-Wert. Der Idealwert liegt bei 8,4, doch Schwankungen zwischen 8,2 und 8,5 sind von den Steinkorallen durchaus zu bewältigen. Bei zu niedrigen Werten wird jedoch die Ausfällung von Kalziumkarbonat gehemmt, und bei zu hohen Werten verringert sich die Konzentration von Kalzium-Ionen im Wasser (SPRUNG & DELBEEK 1994), was wiederum die Kalksynthese bremst.

Gesundes Steinkorallenwachstum wie hier im 80.000-l-Riffbecken vom Atlantis Marine World erfordert neben niedrigen Nährstoffkonzentrationen eine passende Kalziumkonzentration und naturnahe Karbonathärte. Zudem muss das Meerwasser einen adäquaten pH-Wert aufweisen.

Dass Phosphat die Kalksynthese ebenfalls hemmt, wurde bereits erwähnt. Dies gilt jedoch nicht nur für das Milieu im Inneren des Polypengewebes, sondern auch für das umgebende Meerwasser. Liegen hier Werte von mehr als 0,1 mg/l Orthophosphat (anorganisches Phosphat) vor, stört dies die Kalkbildung der Steinkorallen. Korallen benötigen unter solchen Bedingungen mehr Symbiosealgen, damit mehr Phosphat aufgenommen wird, und diese dichteren Algenpopulationen in ihrem Innern färben sie braun. Zugleich ist ihr Wachstumstempo dann gebremst.

Auch hohe Nitratwerte wirken sich negativ auf die Kalkbildung aus. SPRUNG & DELBEEK (1994) weisen darauf hin, dass im Aquarium hohe Nitratwerte auch auf indirektem Weg das Wachstum von Steinkorallen begrenzen, weil bei der Nitratentstehung Salpetersäure freigesetzt wird, die von alkalischen Substanzen abgepuffert werden muss. Somit ist bei nitratreichem Wasser die Gefahr verringerter Alkalinität (sinkende Karbonathärte) besonders groß.

Kapitel 4

Bau und Wuchsformen von Steinkorallen

Thema	Seite

Steinkoralle der Gattung *Goniopora*

Bau und Wuchsformen von Steinkorallen

Die Steinkorallen (Scleractinia, früher als Madreporaria bezeichnet) sind eine von 25 Ordnungen des Stamms Coelenterata (Hohltiere). Mit den anderen Ordnungen dieses Stamms, z. B. Quallen (Scyphozoa) oder Seeanemonen (Actiniaria), haben die Steinkorallen auf den ersten Blick nicht viel gemein. Doch der Schein trügt, denn wenn man sich die lebende Leibesmasse der Steinkoralle, den Polypen, ansieht und mit Seeanemonen oder Quallen vergleicht, dann wird die Ähnlichkeit im Bauplan dieser Organismen sofort deutlich.

Wie ist ein Steinkorallenpolyp aufgebaut?

Alle Korallen haben, wie Julian SPRUNG es einmal formulierte, die Grundform eines Strumpfs, mit einem schlauchförmigen Körper, der am unteren Ende verschlossen ist. Die Öffnung des „Schlauchs" ist Mund und Anus zugleich, umrandet von einem Tentakelkranz. Das Innere des Schlauchs bildet den Gastralraum (Coelenteron). Dieser ist durch die Septen (siehe Kapitel „Der Korallit") des Koralliten in einzelne Kammern geteilt, und da die Septen vollständig mit dem Gewebe des Polypen bedeckt sind, ergibt sich daraus eine enorme Vergrößerung der inneren Oberfläche. Das Gewebe auf einem solchen Septum wird als Mesenterium bezeichnet, und am zentralen Rand dieser Mesenterien befinden sich nicht nur die Geschlechtsdrüsen, die Gonaden, sondern auch bandförmige Anhänge mit Verdauungssekreten, die Mesenterialfilamente.

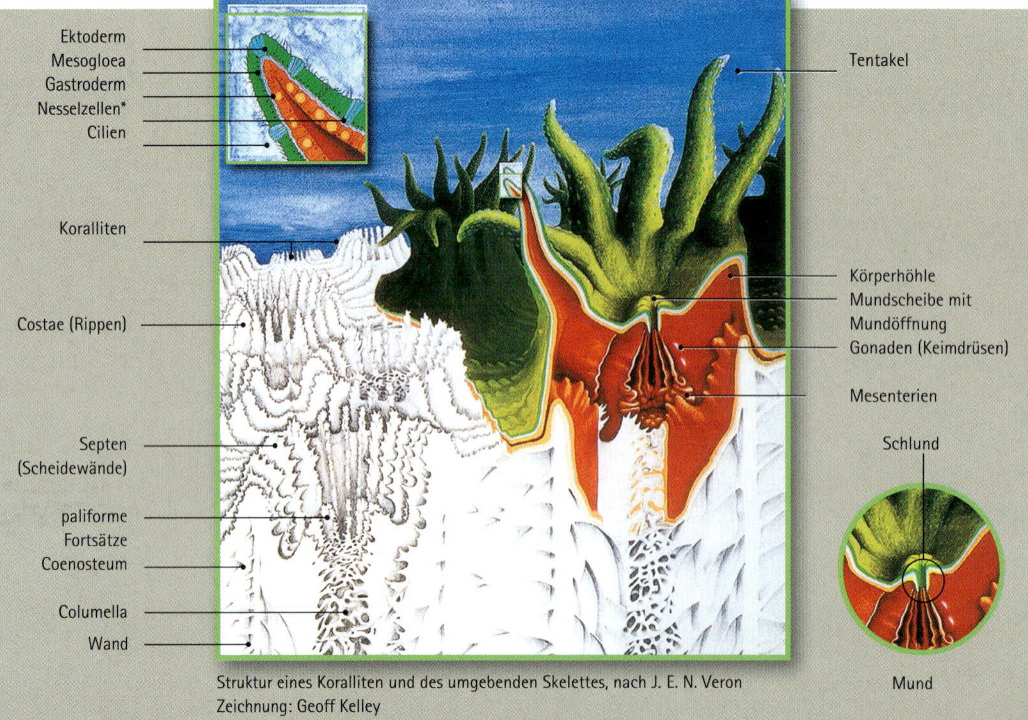

Struktur eines Koralliten und des umgebenden Skelettes, nach J. E. N. Veron
Zeichnung: Geoff Kelley

Der Gastralraum

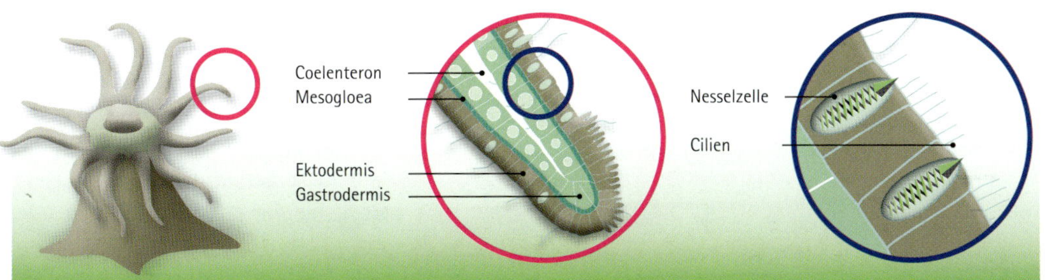

Das Polypengewebe von Steinkorallen besteht aus den drei Schichten Ektodermis (außen), Mesogloea und Gastrodermis (innen). Auf der Ektodermis, in die Nesselzellen eingebettet sind, befinden sich Cilien.

Im Gastralraum wird die Nahrung verdaut, doch er dient noch vielen anderen Zwecken, z. B. dem Transport von Flüssigkeiten zum Gasaustausch, also zur Atmung. Hier entstehen auch die Keimzell-Pakete für die geschlechtliche Vermehrung. Über Kanäle, die aus lebendem Gewebe bestehen, sind die Gastralräume benachbarter Polypen miteinander verbunden. Durch diese Verbindungskanäle werden Wasser (Polypenausdehnung) und Nährstoffe transportiert.

Die Körperwand des Polypen besteht aus zwei Schichten, der äußeren Ektodermis (*ekto* = außen; *derma* = Haut) und der inneren Gastrodermis (*gaster* = Magen). Zwischen diesen beiden Schichten befindet sich die gelatineähnliche Mesogloea (*meso* = in der Mitte liegend; *gloios* = klebrige Flüssigkeit). Auf der Ektodermis sitzen winzige Flimmerhärchen, die Cilien. Ihre Aufgabe besteht darin, eine Schleimschicht zu bewegen, die sich auf dem Polypen befindet. Ganz ähnliche Schleim-Transportmechanismen besitzen wir im menschlichen Körper, beispielsweise in den Bronchien. In die Ektodermis eingelagert sind die Nematocyten, die Nesselzellen – sie enthalten die Nematocysten, die Nesselkapseln.

Der Korallit

Das Kalkskelett, das ein solcher Polyp produziert, hat die Form eines Bechers und wird als Korallit bezeichnet. Dieser ist durch zahlreiche Trennwände (Septen) in einzelne, kammerähnliche Segmente geteilt. Die Anordnung der Septen, genauer bezeichnet als Septo-Costae (*septum* = abgetrennt; *costa* = Rippe), erinnert an die Speichen eines Rads. Der im Koralliten liegende Teil der Trennwand wird Septum genannt, der außen liegende Costa. Hier beginnt der Polyp bereits, gattungs- oder sogar arttypische Merkmale auszubilden, denn Form, Größe und Anordnung der Septen sind wichtige Mittel der Artbestimmung.

Die Verdickung von Septen und Costae bildet die Korallitenwand

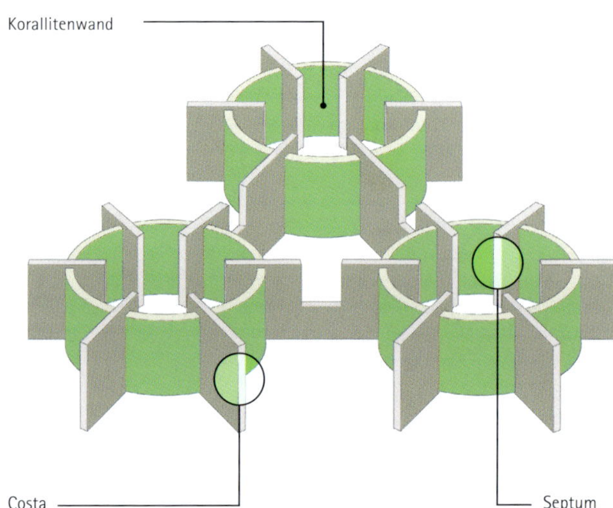

Die einzelnen Koralliten sind durch ein poröses, schwammähnliches Kalkgewebe namens Coenosteum (*koinos* = gemein, beteiligt; *osteon* = Knochen, also etwa „gemeinsame Knochensubstanz“) verbunden, das aus einzelnen, dünnen Lamellen besteht und in seiner Struktur ebenfalls typisch für die jeweilige Gattung oder sogar Art ist. Dieses Gewebe kann weit entfernt stehende Koralliten miteinander verbinden (z. B. *Galaxea*- oder *Turbinaria*-Arten) oder sich kaum erkennbar zwischen dicht stehenden Koralliten befinden, deren Außenwände sich miteinander vereinen (z. B. *Goniastrea*-Arten).

Diese *Leptastrea purpurea* zeigt, wie die Septen vom Korallitenrand zum Zentrum ziehen. Allerdings sind einige der Septen kürzer und besitzen nur etwa Viertel- oder Halblänge. Die Zahl, Länge und Position der einzelnen Septen ist artspezifisch und kann quasi als Fingerabdruck der jeweiligen Art gesehen werden.

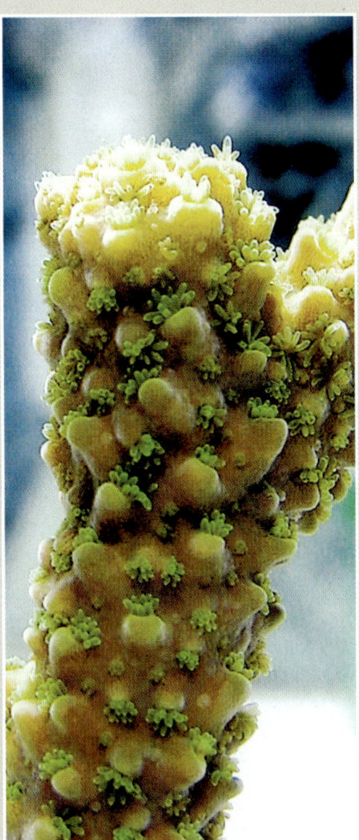

Alle elektronenmikroskopischen Aufnahmen wurden mit der gleichen grünen *Acropora*-Art durchgeführt, die auf diesem Foto zu sehen ist. Das organische Material wurde entfernt, um das reine Skelett abbilden zu können. Jedes Bild hat eine Maßangabe in Mikrometer oder Millimeter.

Extreme Nahaufnahme des *Acropora*-Skelettes, bei der die einzelnen Aragonit-Kristalle sichtbar sind, Rasterelektronenmikroskop, Vergrößerung 1 : 1.600

Aufnahmen Seite 53: Nick Hartman, Prof. Sanjay Joshi und Robert Minard

Acropora-Astspitze, Skelett, von oben gesehen, im Zentrum ist der Axialpolyp zu sehen, umgeben von den Radialpolypen, die aus ihm entstanden sind. Rasterelektronenmikroskop, Vergrößerung 1 : 13

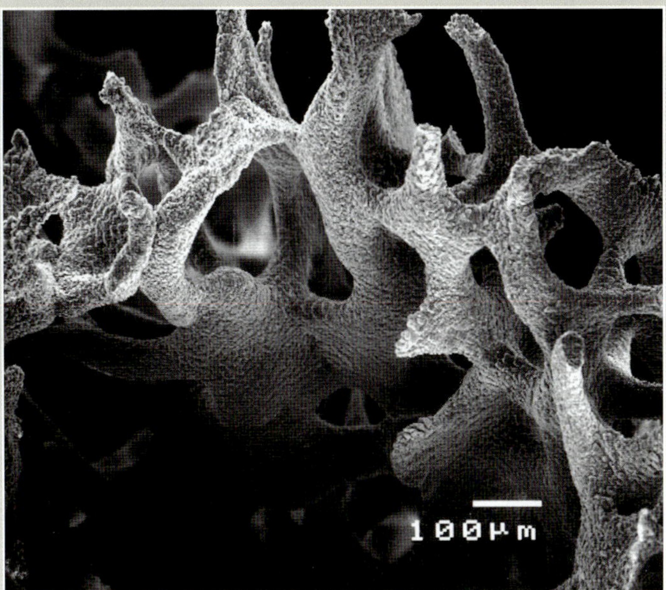

Nahaufnahme eines Koralliten, in dem sich bei der lebenden Koralle der einzelne Polyp befindet, von oben betrachtet. Rasterelektronenmikroskop, Vergrößerung 1 : 80

Außenfläche einer Steinkoralle *Platygyra acuta* sowie Längsschnitt und Querschnitt, die Aufnahmen zeigen die enorme Porösität des Skeletts. Die Koralliten der Polypen wachsen in die Höhe und erhalten in regelmäßigen Abständen Zwischenböden, hier zu erkennen als leiterförmige Struktur.

SPS und LPS

Unabhängig von der wissenschaftlichen Systematik hat die Meeresaquaristik Steinkorallen in zwei Gruppen aufgeteilt, die als kleinpolypige Steinkorallen (SPS) und großpolypige Steinkorallen (LPS) bezeichnet werden. Diese Unterscheidung ist weit mehr als eine Sortierung nach Polypengröße, denn sie spiegelt zwei Anpassungen an sehr unterschiedliche Lebensräume wider. Während die kleinpolypigen Steinkorallen sich auf die vom Sonnenlicht durchfluteten Flachwasserzonen wie Riffdach und Riffkante spezialisiert haben, wo sie in bisweilen stärkster und turbulenter Strömung leben und mit schnellem Wachstum poröse, leichtgewichtige Skelette entwickeln, sind die großpolypigen Steinkorallen eher auf die stabileren Bedingungen in größeren Tiefen der Lagune eingestellt.

Einige Meter unterhalb der Wasseroberfläche ist die Lichtmenge etwas geringer als auf dem Riffdach, meist noch zusätzlich reduziert durch Schwebestoffe. Stärkste turbulente Wasserströmungen kommen hier bestenfalls während eines besonders heftigen Sturms vor, und die Raumkonkurrenz zwischen den einzelnen Korallen ist nicht annähernd so dramatisch wie auf dem Riffdach. Schnelles Wachstum, verbunden mit einer hochporösen, fragilen Skelettstruktur, wäre in dieser Riffregion nicht hilfreich. Hier kommt es nicht darauf an, Schäden durch widrige Umgebungseinflüsse mit schnellem Wachstum zu kompensieren, wie das die kleinpolypigen Steinkorallen auf dem Riffdach tun. In diesem Lebensraum zählt eher, schwere, stabile Skelette zu bilden, die höhere Bruchfestigkeit haben als eine *Echinopora* oder *Seriatopora*. In diesem Umfeld, in dem das Korallenwachstum langsamer vonstatten geht, hilft es bei schwierigen Lebensbedingungen, Schäden durch Zähigkeit zu verhindern.

Die in der am höchsten gelegenen Riffzone wachsenden Korallen fallen in manchen Riffen während der Tiefstebbe für viele Stunden völlig trocken. Das kann nachts geschehen, und dann sind sie am nächsten Morgen, wenn die Sonne aufgeht, schon längst wieder vom Meerwasser bedeckt. Doch die Tiefstebbe kann auch tagsüber eintreten, und dann sind die gesamten sessilen Bewohner des Riffdachs oft viele Stunden lang der unbarmherzig brennenden Mittagssonne ausgesetzt.

In vielen Büchern ist zu lesen, dass die Korallen dies überstehen, es also vertragen. Das ist schlichtweg falsch: Nicht die Koralle übersteht diese Tortur, sondern die gesamte Korallengemeinschaft. Nicht die Zähigkeit einer einzelnen Koralle ist die Überlebensstrategie, sondern das rasche Wachstum jeder einzelnen Art, das Verluste in erstaunlich kurzer Zeit kompensiert.

SPS und LPS im direkten Vergleich: *Acropora* und *Fungia* zeigen in Bau und Physiologie Anpassungen an Riffzonen mit unterschiedlichen Umgebungsbedingungen

Blick auf ein trockengefallenes Riffdach in Indonesien während der Tiefstebbe, die hier tagsüber zur Zeit der heißesten Sonneneinstrahlung auftrat. Das Bild zeigt die Korallen am ersten Tag.

Der Zeitraum der Ebbe verschiebt sich täglich nur geringfügig, sodass die Korallen des Riffdachs über mehrere Tage zur heißen Mittagszeit trocken lagen. Am vierten Tag waren die schweren Schädigungen des Korallenbestands unübersehbar. Man erkennt auf den Bildern aber, dass praktisch alle Korallen nur teilweise aus dem Wasser ragen. Unter Wasser sind vitale Zonen vorhanden, aus denen die Verluste schnell regeneriert werden können. Dieses enorme Regenerationspotenzial nutzen wir für die Pflege und Vermehrung kleinpolypiger Steinkorallen in der Aquaristik.

Das wird an Vergleichsaufnahmen deutlich, die ich in einem indonesischen Korallenriff am ersten und am vierten Tag der Tiefstebbe anfertigen konnte, und zwar jeweils zur Mittagszeit mit der senkrecht strahlenden Sonne in fast unmittelbarer Äquatornähe. Am ersten Tag schienen die trockengefallenen SPS-Steinkorallen zum größten Teil völlig vital und ungeschädigt. Weder bei direkter Inspektion der exponierten Korallen noch nach der Rückkehr des Wassers entdeckte ich größere Schäden, von wenigen Einzelfällen abgesehen. Bei Vergleichsuntersuchungen am vierten Tag der mittäglichen Tiefstebbe fand ich jedoch dramatisch andere Ergebnisse vor. Weite Felder von völlig zerstörten Korallen waren zu sehen, kreideweiße Korallenskelette, in denen kein Leben mehr war.

Taucht man aber ein halbes Jahr nach dieser drastischen Schädigung im selben Riff, dann erinnert kaum etwas an diesen Vorfall, weil sämtliche Spuren durch rasantes Wachstum der Korallen beseitigt wurden. Einerseits wächst das vitale Gewebe von unten her nach, denn die meisten Korallen wurden nicht vollständig exponiert, sodass sich unterhalb der Wasseroberfläche noch weitgehend ungeschädigte Anteile befanden. Und andererseits verdriften Fragmente der porö-

SPS-Korallen (hier *Montipora foliosa*) entwickeln ein leichtes, poröses Skelett, das unzählige winzige Koralliten enthält, deren Größe im Bereich weniger Millimeter liegt. LPS hingegen (hier *Euphyllia paraglabrescens*, rechts) besitzen ein dichtes, sehr festes Kalkskelett, und ihre Koralliten erreichen Durchmesser von etlichen Zentimetern. Die Polypen vieler Arten strecken zahlreiche, lange Tentakel aus.

sen Skelette, die noch lebendes Polypengewebe besitzen, mit der turbulenten Wasserströmung an andere Stellen, sodass auch völlig leblose Zonen schnell wieder besiedelt werden.

Eine großpolypige Steinkoralle, etwa eine *Fimbriaphyllia*-Art, die den gleichen Umgebungseinflüssen ausgesetzt wäre, also bei Tiefstebbe völlig trocken fiele und in der Mittagshitze stärkste Sonneneinstrahlung ertragen müsste – sogar an mehreren aufeinanderfolgenden Tagen –, würde eine solche Stresseinwirkung kaum überstehen. Restliches lebendes Polypengewebe, aus dem dieser Korallenstock wieder heranwachsen könnte, wäre kaum vorhanden, zumal sich auf dem Skelett sehr schnell andere, schnellwüchsigere Korallenarten ansiedeln würden, sogenannte Sekundärbesiedler. In dieser absoluten Flachwasserzone siegt die Schnelligkeit; langsam wachsende Korallen haben hier kaum eine Chance.

Anders im typischen Lebensraum der großpolypigen Steinkorallen (LPS). Hier ist das Licht knapper; manche der schnellwüchsigen kleinpolypigen Steinkorallenarten können hier zwar überleben, sind aber nicht dazu in der Lage, unter solchen Bedingungen eine so dichte Korallendecke zu entwickeln wie im Riffdach. In diesem Lebensraum zählen andere Fähigkeiten, beispielsweise mit weniger Licht in trübem, schwebstoffreichem Wasser zurechtzukommen. Schnelles Wachstum im Rekordtempo ist hier nicht möglich, sondern nur erheblich langsameres. Diese Beschränkung erfordert, Umgebungsschädigungen an der Korallengemeinschaft zu vermeiden, statt sie zu reparieren. Folglich sind die großpolypigen Steinkorallen (LPS) deutlich zäher als die kleinpolypigen (SPS), wenn es darum geht, sich mit suboptimalen Umgebungsfaktoren zu arrangieren. Schwächere Beleuchtung, sedimentgetrübtes Wasser oder erhöhte Nährstoffkonzentrationen (Nitrat, Phosphat) wirken sich auf sie weniger stark aus. Lediglich die scharfe, turbulente Wasserbewegung des Riffdachs mögen sie gar nicht.

Natürlich ist all dies stark vereinfacht wiedergegeben, um die Unterschiede zu verdeutlichen und verständlicher zu machen. Wer sich im natürlichen Lebensraum umsieht, wird feststellen, dass der Kontrast zwischen den beiden Lebensentwürfen der LPS und der SPS bei Weitem nicht so prägnant ist wie hier übertrieben plakativ dargestellt. In Wirklichkeit gibt es nahtlose Übergänge zwischen diesen beiden Strategien.

Das führt beinahe zwangsläufig dazu, dass der weitaus größte Teil der Steinkorallengattungen sich weder der einen noch der anderen Kategorie zuordnen lässt. Man kann also nicht alle Steinkorallen in zwei Gruppen namens LPS und SPS einteilen und dazwischen eine präzise Grenzlinie ziehen, etwa zwischen Familien, sondern bestenfalls für beide Kategorien eine jeweils recht kleine Gruppe an Korallen identifizieren. In vielen Familien ist die Bandbreite der Anpassungen an unterschiedliche Lebensräume so groß, dass wir in ihnen sowohl die einen als auch die anderen finden und sogar Übergangsformen. Das heißt, dass die Grenze zwischen LPS und SPS nicht nur unscharf verläuft, sondern auch noch mitten durch Steinkorallenfamilien und sogar -gattungen.

Dabei sollten Sie auch im Blickfeld behalten, dass es sich hier um eine rein aquaristische Unterscheidung handelt, die sich nur auf formbezogene (morphologische) und umgebungsbezogene (ökologische) Merkmale stützt. Es ist nur eine Einteilung nach Polypengröße, nicht mehr. Aber auch nicht weniger, denn das kann insbesondere dem wenig erfahrenen Meerwasseraquarianer helfen, die Umgebungsansprüche ei-

SPS-Korallen (hier *Acropora*, *Montipora* u. a.) können selbst aus winzigen Fragmenten durch vegetative Vermehrung der Polypen relativ schnell eine ganze Koralle regenerieren. LPS-Korallen (hier *Fungia*, unten) hingegen wachsen langsam, und ein einzelner Polyp, der stark geschädigt ist, geht zugrunde.

ner bestimmten Koralle leichter und besser zu erkennen.

Diese Einteilung ermöglicht beispielsweise auch, Aquarien naturnäher zu gestalten und zu besetzen, etwa im Sinne von Riffzonenaquarien, die einen bestimmten Lebensraum des Riffs nachstellen, beispielsweise Riffkante oder Riffdach mit hoher Beleuchtungsstärke, vollem Tageslichtspektrum und turbulenter Wasserströmung, oder die tiefere Riffwand mit gedämpftem Licht, farbreduziertem, blaudominantem Lichtspektrum und laminarer Wasserbewegung. Oder Innenriff, Lagune, Mangrovenzone, Seegraswiese. In jedem dieser Lebensräume treffen wir recht charakteristische Vertreter der Ordnung Scleractinia, die sich mit ihrer Morphologie an dessen typische Bedingungen und Gesetzmäßigkeiten angepasst haben.

Allerdings waren die beiden Kategorien LPS und SPS in der Aquaristik lange Zeit nicht präzise definiert. In einem Beitrag für die Fachzeitschrift KORALLE unternahm ich einen Versuch dazu (KNOP 2008a & b), an den ich mich hier anlehnen möchte. Welche Korallen gehören zu den kleinpolypigen Steinkorallen, kurz SPS, und welche zu den großpolypigen, den LPS? Aufgrund von Polypengröße, Skelettdichte bzw. -festigkeit, Wachstumsgeschwindigkeit und ihrer typischen Umgebungsanforderungen passen Gattungen der folgenden Scleractinia-Familien in die Kategorie SPS:

- Acroporidae
- Astrocoeniidae
- Pocilloporidae
- kleinpolypige Vertreter der Familie Poritidae (Gattung *Porites*)

Als LPS könnten folgende Familien gelten:

- Euphylliidae (alle Gattungen)
- Lobophylliidae (z. B. *Lobophyllia*, *Acanthophyllia*, *Cynarina*)
- Fungiidae (alle Gattungen außer *Zoopilus*, *Lithophyllon* und *Podabacia*)

Allerdings ist dies letztlich nichts anderes als eine willkürliche Festlegung, darum also noch einmal der Hinweis, dass diese Einteilung jeglicher taxonomischen oder anderweitigen wissenschaftlichen Grundlage entbehrt und rein aquaristisch sein soll. Daraus folgt aber, dass alle übrigen Familien der Ordnung Scleractinia zwischen diesen beiden Kategorien anzusiedeln, nach dieser Definition also weder LPS noch SPS wären. Die Schaffung einer dritten Kategorie wäre meiner Ansicht nach nicht sinnvoll, weil sich unter diesen Korallen Anpassungen an zahlreiche andere Umgebungsfaktoren finden, die sich nicht einheitlich formulieren lassen.

Zu diesen nicht zuzuordnenden Korallen zählen also:

- Oculinidae
- Meandrinidae
- Siderastreidae
- Agariciidae
- Merulinidae
- Dendrophylliidae
- Faviidae
- die übrigen Gattungen der Familien Poritidae (z. B. *Goniopora*), Lobophylliidae (*Acanthastrea, Micromussa* u. a.) und einige Fungiidae (*Zoopilus*, *Lithophyllon* und *Podabacia*)

Korallen wie diese *Micromussa* [=*Acanthastrea*] *lordhowensis* gehören weder zu den SPS noch den LPS. Sie produzieren weder winzige Koralliten noch große Einzelpolypen mit riesigem Weichgewebeanteil. Oft bilden ihre Skelette die Form einer Halbkugel oder wachsen krustenförmig über das Substrat. Die Bandbreite an Umgebungsanpassungen ist hier jedoch so groß, dass es wenig Sinn hat, sie in einer einzigen Zwischenkategorie zusammenzufassen.

Wuchsformen

Das augenscheinlichste Merkmal einer Steinkoralle ist natürlich die Wuchsform des gesamten Korallenstocks. Mit Ausnahme solitär lebender Arten, deren Skelett nur einen einzigen Koralliten besitzt und nur einen Polypen enthält (z. B. *Fungia*), bilden Steinkorallen eine Polypengemeinschaft, die ganz unterschiedliche Wuchsformen ausbilden kann. Viele wachsen krustenförmig (inkrustierend) über ein

Arboreszenter (astförmiger) Wuchs, hier *Acropora*

Tabulater (plattenförmiger) Wuchs, hier *Acropora*

Foliöser (blattförmiger) Wuchs, hier *Montipora*

Inkrustierender (krustenartiger) Wuchs, hier *Montipora*

Massiver Wuchs, hier *Platygyra*

Kolumnarer (säulenförmiger) Wuchs, hier *Isopora*

Substrat (z. B. *Porites*), andere tabulat bzw. laminar und formen eine horizontale Blattstruktur oder Plattenform (z. B. Arten aus der *Acropora-hyacinthus*-Gruppe). Bilden sie eine membranartige Struktur, oft mit rosettenförmiger Gestalt, spricht man von foliösem Wachstum (z. B. *Echinopora*). Besteht der Korallenstock aus Säulen, dann wächst die Koralle kolumnar (z. B. *Pavona clavus*), bildet sie hingegen auch seitliche Äste aus, dann nennt man die Wuchsform arboreszent (z. B. *Acropora*). Andere Arten wachsen massiv und bilden kugelförmige Stöcke (z. B. *Favia*), und es gibt noch etliche weitere Varianten.

Zwar erlaubt die Wuchsform allein noch keine sichere Zuordnung, weil die Vertreter vieler Steinkorallenfamilien in ähnlichen Formen wachsen und oft innerhalb einer Gattung zahlreiche verschiedene Wuchsformen zu finden sind (z. B. *Pavona* oder *Montipora*). Aber diese Wuchsform ermöglicht zumindest eine grobe Zuordnung zu einer Gruppe von Korallengattungen, bei denen die betreffende Gestalt zu finden ist.

Mittel zur taxonomischen Zuordnung

Neben der Wuchsform gibt es andere wichtige Merkmale, die zur Artbestimmung von Steinkorallen genutzt werden. Dazu gehören Größe und Form der Koralliten, ihre räumliche Beziehung zueinander sowie Form und Anordnung der Septo-Costae. Vor allem die Länge der einzelnen Septen kann wichtige Hinweise auf die taxonomische Zuordnung einer Steinkoralle geben. Mit Ausnahme zweier Familien (Pocilloporidae und Astrocoeniidae) sind sie im Zentrum des Polypen nicht miteinander verbunden. Ihre Länge ist verschieden, sie macht z. B. in arteigener Abfolge ein Viertel, die Hälfte oder drei Viertel des Kreisradius des Koralliten aus. Unterschiedlich lange Septen stehen also in einer Reihenfolge nebeneinander, die für die jeweilige Gattung charakteristisch ist.

Die Korallitenstruktur

Die Form des Koralliten bzw. des Polypen führt zwangsläufig auch zu einer sehr charakteristischen Anordnung der Koralliten innerhalb des Korallenstocks. Sie müssen sich diese Details als Korallenriffaquarianer natürlich nicht merken, doch es ist wichtig zu wissen, dass es solche grundlegenden Unterschiede gibt.

Besitzen die Koralliten eigene Wände und stehen sie abgegrenzt nebeneinander, dann spricht man von plocoidem Wuchs (z. B. viele frühere *Favia*-Arten, die inzwischen als *Dipsastraea*-Arten aufgefasst werden). Teilen die Koralliten hingegen Wände und nutzen sie gemeinsam, sodass die Außenwand eines Koralliten zugleich die Innenwand des Nachbarkoralliten bildet und dazwischen kein Coenosteum sichtbar ist, handelt es sich um cerioiden Wuchs (z. B. *Favites*). Bilden diese Polypen jedoch Reihen, indem sie nur an zwei Seiten gemeinsame Wände besitzen, dann entstehen zwischen diesen mäanderförmigen Polypenreihen lange Tal- bzw. Grabenstrukturen. Solche Korallen wachsen meandroid (z. B. *Leptoria* oder *Oulophyllia*).

Stehen hingegen einzelne Polypen oder kleine Polypengruppen solitär (einzeln) nebeneinander, getrennt durch tiefe Gräben, sodass der Korallit fast säulenförmig erscheint, spricht man von phaceloidem Wuchs (z. B. *Caulastraea*). Besitzt die Koralle lang gestreckte Polypen ohne gemeinsame Zwischenwände, dann wird die Wuchsform als flabello-meandroid bezeichnet (z. B. *Trachyphyllia geoffroyi*). Bei einer tubularen Wuchsform sind ebenfalls einzeln stehende Koralliten vorhanden, die jedoch ausgeprägte Röhrenform besitzen (z. B. *Tubastraea*).

Plocoide Korallitenform, hier *Dipsastraea* (früher *Favia*)

Cerioide Korallitenstruktur, hier *Favites*

Meandroide Korallitenstruktur, hier *Lobophyllia* (früher *Symphyllia*)

Flabello-meandroide Korallitenstruktur, hier *Lobophyllia*

Phaceloide Korallitenstruktur, hier *Caulastraea*

Tubulare Korallitenstruktur, hier *Duncanopsammia* (natürliche Wuchsform)

Geänderte wissenschaftliche Zuordnungen

Die Wissenschaft versucht stets, die bekannten Spezies in einem System darzustellen, das ihre mutmaßlichen Verwandtschaftsverhältnisse widerspiegelt. Im Grundsatz geht dies zurück auf das Konzept, das der schwedische Naturforscher Carl von LINNÉ 1735 mit seinem Werk „Systema naturae" geschaffen hat. Allerdings veränderten sich im Lauf der letzten zweieinhalb Jahrhunderte Sichtweise und Erkenntnisstand der Wissenschaft radikal.

Zu Linnés Zeiten verstand man die Arten als unveränderliche Schöpfung Gottes und versuchte mit diesem System, sie zu ordnen. Folglich glaubte man noch nicht an eine Verwandtschaft der einzelnen Spezies mit gemeinsamen Vorfahren. Die einzelnen Arten wurden anhand ähnlicher Merkmale kategorisiert, und bei Steinkorallen stand hierbei zunächst das Skelett im Vordergrund, weil man von den meisten nicht mehr hatte – ein detaillierter Blick in ein vitales Riff war damals kaum möglich. Erst später kamen die Weichgewebe der Polypen hinzu, zunächst aber meist die von konservierten, toten Korallen. Erst im 20. Jahrhundert gelang es umfassend, auch lebende Korallen zu dokumentieren und zu untersuchen.

Mit dem Aufkommen der revolutionären Evolutionstheorie, die zu Darwins Zeit in der zweiten Hälfte des 19. Jahrhunderts entstand und wesentlich von ihm geprägt wurde, verstand man, dass sich Arten verändern und anpassen können. Ab jetzt wurde die wissenschaftliche Systematik als Stammbaum verstanden, der die Verwandtschaftsverhältnisse der einzelnen Arten widerspiegelte und sie in Gruppen mit jeweils gemeinsamen Vorfahren ordnete. Noch immer unterschied man sie dabei aber anhand ähnlicher Merkmale, also z. B. vergleichbarer Polypenform.

In den ersten zwei Jahrzehnten des 21. Jahrhunderts waren jedoch die Fortschritte auf allen Ebenen der Genforschung so groß, dass es gelang, anhand molekulargenetischer Untersuchungen verbindlichere Aussagen über die Verwandtschaftsverhältnisse von Gattungen und sogar Arten zu machen, als das durch ähnliche Merkmale möglich gewesen war. Im Gegenteil, solche ähnlichen Merkmale bestimmter Korallenarten können sich durchaus parallel entwickelt haben (konvergente Evolution), und das täuscht oft eine Verwandtschaft vor, die in Wirklichkeit nicht besteht. Durch umfassende Untersuchungen zeigte sich nun, dass die frühere Gruppierung nach ähnlichen Merkmalen zu einer Vielzahl an Irrtü-

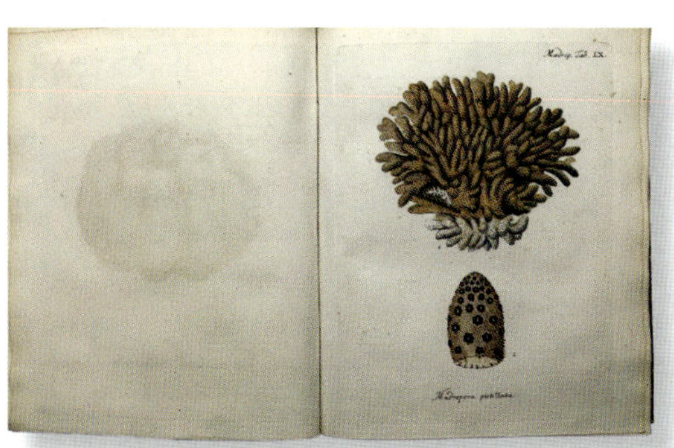

Zwei bibliophile Juwele der Korallenforschung, die jeweils den Stand der Wissenschaft ihrer Zeit wiedergeben, mit 209 Jahren Abstand: Steinkoralle *Stylophora pistillata* in der Darstellung von E. J. C. ESPER im Bildband zur berühmten und umfassenden Buchreihe: „Die Pflanzenthiere: in Abbildungen nach der Natur mit Farben erleuchtet nebst Beschreibungen" (1791) und Band 1 „Corals of the World" von J. E. N. VERON (2000)

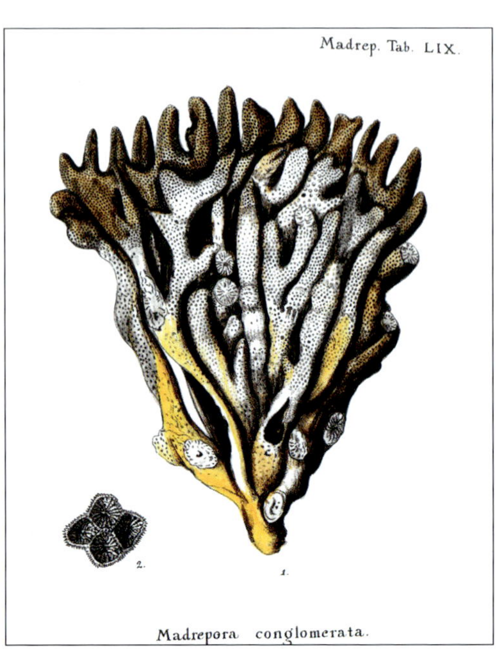

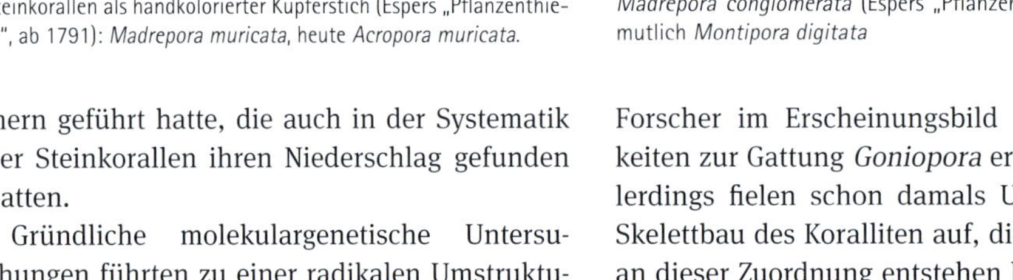

Steinkorallen als handkolorierter Kupferstich (Espers „Pflanzenthiere", ab 1791): *Madrepora muricata*, heute *Acropora muricata*.

Madrepora conglomerata (Espers „Pflanzenthiere"), heute vermutlich *Montipora digitata*

mern geführt hatte, die auch in der Systematik der Steinkorallen ihren Niederschlag gefunden hatten.

Gründliche molekulargenetische Untersuchungen führten zu einer radikalen Umstrukturierung, z. B. auf Familien- und Gattungsebene. Diese Arbeiten sind bei Weitem noch nicht abgeschlossen, sodass die Taxonomie der Steinkorallen gegenwärtig (2022) mitten im Umbruch ist. Die erste und zweite Auflage dieser Buchreihe folgten in der deutschen, französischen und italienischen Sprachausgabe der Systematik von J. E. N. Veron (2000). Die vorliegende, dritte Auflage versucht im Rahmen des Möglichen, mit dem Erkenntniszuwachs Schritt zu halten. Allerdings sind einige Arbeiten noch im Fluss (z. B. bei mehreren Gattungen aus der Familie Euphylliidae), und einige der neuen Zuordnungen sind noch nicht wirklich sicher, weil man bisher nur wenige Arten der jeweiligen Gattung analysiert hat.

Beispielsweise war *Alveopora* von Dana 1846 in die Familie Poritidae gestellt worden, weil der Forscher im Erscheinungsbild große Ähnlichkeiten zur Gattung *Goniopora* erkannt hatte. Allerdings fielen schon damals Unterschiede im Skelettbau des Koralliten auf, die später Zweifel an dieser Zuordnung entstehen ließen (z. B. Veron & Pichon 1982). Molekulargenetische Untersuchungen wiesen nun nach, dass diese Gattung tatsächlich gemeinsame Vorfahren mit Vertretern der Familie Acroporidae besitzt. Allein durch den Vergleich äußerer Merkmale wäre diese Verwandtschaft praktisch nicht zu entdecken gewesen.

Doch man sollte sich davor hüten, diese neue Systematik durchweg als richtig und wahrhaftig zu sehen, denn sie spiegelt stets nur den gegenwärtigen Stand der Erkenntnisse wider. Erweiterte Möglichkeiten der Wissenschaft, die noch tiefer gehende Einblicke in die Evolution der Steinkorallen geben, können in der Zukunft zu weiteren Umstellungen in der Systematik führen. In Fällen besonders markanter Umgruppierung von Korallen in eine andere Gattung führe ich, vor allem in Bildlegenden, den ursprünglichen Gattungsnamen in eckigen Klammern zusätzlich auf, um Ihnen, liebe Leserin, lieber Leser, die Orientierung zu erleichtern. Beispiele dafür wären etwa *Micromussa* [= *Acanthastrea*] *lordhowensis* oder *Fimbriaphyllia* [= *Euphyllia*] *ancora*. Die wissenschaftlich korrekte Bezeichnung wäre in solchen Fällen allerdings *Micromussa lordhowensis* bzw. *Fimbriaphyllia ancora*.

Madrepora pistillata (Espers „Pflanzenthiere"), heute *Stylophora pistillata*

Kapitel 5

Aquariengeeignete Steinkorallengattungen

Stylophora, *Seriatopora* und *Acropora* im Riffaquarium von Pieter van Suijlekom

Von den vielen Steinkorallenarten, die weltweit bekannt sind, taucht nur eine relativ kleine Zahl im Aquaristikfachhandel bzw. in den Riffaquarien auf. Doch durch Fortschritte in der Aquaristik werden immer mehr Arten gut aquarienhaltbar, und im Lauf der Zeit gelangen durch Importe regelmäßig neue Spezies erstmalig in die Aquaristik, können hier vegetativ vermehrt und schließlich an viele Aquarianer weitergegeben werden. Die in Handel und Aquaristik häufigsten Gattungen werden nachfolgend anhand einiger Artbeispiele vorgestellt.

Die Gattungs- und Artzuordnungen der Steinkorallen in diesem Buch wurden ausschließlich anhand von Fotomaterial durchgeführt und nicht durch zusätzliche Skelettuntersuchungen gestützt. Das macht manch eine Zuordnung unsicher, denn es muss berücksichtigt werden, dass Steinkorallen viele ihrer charakteristischen Merkmale in gewissem Rahmen an die Umgebungsbedingungen anpassen. So bilden einige *Favia*-Arten (z. B. *Favia speciosa*) bei geringerer Beleuchtungsintensität weit voneinander entfernt stehende Koralliten aus. Bei starker Beleuchtung hingegen wachsen die Koralliten derselben Art dichter (VERON 2000), sodass man in einem solchen Fall ohne Skelettuntersuchung möglicherweise geneigt ist, diese Koralle für einen *Favites*-Vertreter zu halten.

Familie Acroporidae Verril, 1902

Die Familie Acroporidae enthält sieben lebende Gattungen, bei denen sich praktisch alle Wuchsformen von Steinkorallen finden. Aquaristisch verbreitete Gattungen:
Acropora, Alveopora, Anacropora, Montipora.

Gattung *Acropora*

Acropora ist die artenreichste Steinkorallengattung und umfasst zugleich auch einige der schnellwüchsigsten Scleractinia. Im Riff entwickeln ihre Vertreter durch ihr rasches Wachstum oft Felder mit außerordentlich großer Ausdehnung. Im Riffaquarium waren *Acropora*-Arten Ende der 1980er-Jahre die ersten SPS-Steinkorallen mit kräftigem Wachstum, und auch heute spielen sie in den Aquarien die dominierende Rolle.

Über die genaue Zahl der gültigen Arten herrscht Uneinigkeit. VERON (2000) führt 170 Vertreter auf, 16 davon als Erstbeschreibung. Gegenwärtig (Stand Frühjahr 2022) liegt die Zahl mit 135 niedriger, unter anderem, weil die Untergattung *Isopora* abgespalten und zu einer eigenständigen Gattung erklärt wurde (z. B. *Isopora palifera*).

Auch wurden viele Arten als erneute Beschreibung einer bereits existierenden Spezies erkannt (Mehrfachbeschreibung) und daher zum Synonym erklärt (z. B. *Acropora delicatula* = *A. selago; A. minuta* = *A. palmerae; A. nobilis* = *A. robusta* u. v. a.). Hinzu kommen allerdings 51 Arten, die derzeit noch untersucht werden („taxon inquirendum"), so dass sich die Zahl gültiger Arten noch erhöhen dürfte, denn die Revision ist noch im Gang.

Das wesentlichste Merkmal der Gattung *Acropora* ist der Axialpolyp, der auf der Spitze jedes Astes sitzt und durch Teilung Tochterpolypen erzeugt, die sogenannten Radialpolypen. Diese bleiben dann an Ort und Stelle, während der Axialpolyp durch den Materialzuwachs an der Astspitze weiter empor geschoben wird, ein Phänomen, das über diese Gattung hinaus nur bei drei weiteren Steinkorallenarten auftaucht (*Arcohelia rediviva, Cyphastrea decadia* sowie die von H. DITLEV im Jahr 2003 beschriebene *Enigmopora darveliensis*, die äußerlich wie eine *Acropora* wirkt). Seitenäste entstehen bei *Acropora*-Arten allgemein dadurch, dass sich ein Radialpolyp in einen Axialpolypen umwandelt und in seiner Achsenrichtung weiter-

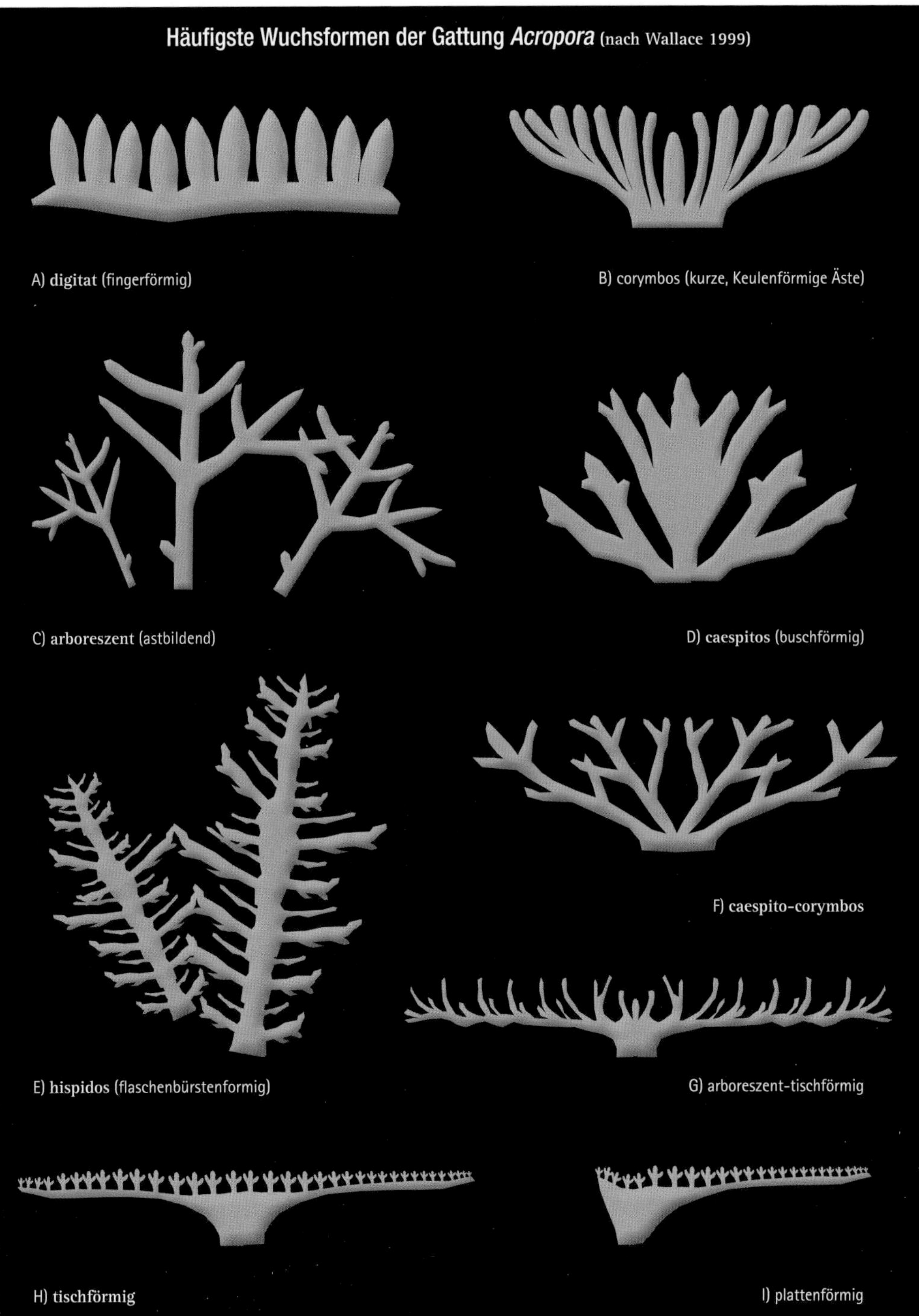
Häufigste Wuchsformen der Gattung *Acropora* (nach Wallace 1999)
A) digitat (fingerförmig)
B) corymbos (kurze, Keulenförmige Äste)
C) arboreszent (astbildend)
D) caespitos (buschförmig)
E) hispidos (flaschenbürstenformig)
F) caespito-corymbos
G) arboreszent-tischförmig
H) tischförmig
I) plattenförmig

Korallitenformen der Gattung *Acropora* (nach Wallace 1999)
A) tubular mit runder Öffnung
B) tubular mit ovaler Öffnung
C) tubular anliegend
D) tubular mit erweiterter Öffnung
E) tubular mit nariformer Öffnung
F) tubular gerundet
G) nariform mit ovaler Öffnung
H) nariform mit runder Öffnung
I) labellat mit gerundeter Lippe
J) labellat mit eckiger Lippe
K) labellat mit gerader Lippe
L) cochleariform
M) tubular angepresst
N) konisch
O) halb versenkt
P) versenkt

wächst. Das bedeutet natürlich, dass der Radialkorallit mit seiner arttypischen Achsenrichtung und seinem Winkel zum Korallenast den Winkel vorgibt, den der spätere Seitenast zum Hauptast haben wird.

Die meisten *Acropora*-Arten wachsen arboreszent (astförmig), einige auch tabulat (tischförmig). Insgesamt findet man bei dieser Gattung folgende Wuchsformen:
- tabulat (tischförmig)
- massiv
- arboreszent (astförmig)
- caespitos (buschförmig)
- corymbos (mit keulenförmigen Ästen)
- digitat (fingerförmig)
- „bottlebrush" (flaschenbürstenförmig)
- plattenförmig
- sowie mehrere Mischformen

Neben der Wuchsform des Korallenstocks sind in dieser Gattung Form und Anordnung der Koralliten wesentliches Unterscheidungsmerkmal, z. B. der Winkel des Radialkoralliten zum Ast, der Durchmesser der einzelnen Koralliten, das Größenverhältnis der Koralliten untereinander (gleiche oder ungleiche Größe), die Anordnung (in Reihen oder unregelmäßig), Wandstärke und Wandform (Becherform, Form einer umgekehrten Nase) u. a. Die *Acropora*-Artbestimmung ist wegen der großen Artenzahl selbst für Spezialisten ein außerordentlich schwieriges Feld. Hilfreiche Anleitungen finden sich bei WALLACE (1999) und VERON (2000).

Die *Acropora*-Artengruppen

Wegen der enorm großen Artenvielfalt in der Gattung *Acropora* teilten die australischen Meeresbiologen Dr. Carden WALLACE und Prof. John VERON die Arten im Jahr 1984 in einzelne Gruppen. Wallace erweiterte dieses System 1999, und ein Jahr später schuf Veron eine neue Einteilung mit nunmehr 38 verschiedene Artengruppen (VERON 2000). Zwar haben diese Artengruppen keine taxonomische Bedeutung, weisen also nicht auf eine enge Verwandtschaft der betreffenden Spezies hin, doch sie sind außerordentlich hilfreich bei der Artbestimmung, denn dabei werden jeweils mehrere Spezies mit ähnlicher Wuchs- und Korallitenform zusammengefasst, z. B.:

Gruppe 8: sechs große, horizontal verzweigte Arten mit aufwärts gebogenen Astspitzen
A. acuminata (VERRILL, 1864)
A. donei VERON & WALLACE 1984
A. hoeksemai WALLACE 1997
A. indonesia WALLACE 1997
A. kosurini WALLACE 1994
A. valenciennesi (MILNE EDWARDS 1860)

Gruppe 9: vier Arten mit fusionierenden Basal-Ästen und scharfem Rand an den Radialkoralliten
A. divaricata (DANA 1846)
A. natalensis RIEGL 1995
A. solitaryensis VERON & WALLACE 1984
A. stoddarti PILLAI & SCHEER 1976

Die gegenwärtigen Veränderungen durch die Revision der Scleractinia mit molekularbiologischen Methoden sind jedoch so umwälzend, dass zahlreiche Spezies zu Synonymen erklärt wurden und darum ungültig sind. Bei einigen *Acropora*-Arten ist der Status gegenwärtig noch unsicher, weil sie sich noch in der Untersuchung befinden („taxon inquirendum"). Vor diesem Hintergrund muss davon ausgegangen werden, dass sich in den kommenden Jahren noch einiges ändern wird. Im Anhang dieses Buchs werden diese Artengruppen aus dem Jahr 2000 vollständig dargestellt, mit den Änderungen, die gegenwärtig (2022) gültig sind.

Acropora-Äste besitzen an der Spitze stets einen Axialkoralliten, der durch Sprossung seitlich Radialkoralliten erzeugt.

Acropora granulosa, Gruppe 31, im Aquarium

Acropora teres, Gruppe 6

Acropora solitayensis, Gruppe 9, im Aquarium

Acropora cervicornis, Gruppe 6

Acropora valenciennesi, Gruppe 8

Acropora divaricata, Gruppe 9

Acropora robusta (=*nobilis*), Gruppe 7

Acropora florida, Gruppe 11, im Meer

Acropora florida, Gr. 11, im Aquarium

Acropora microphthalma, Gruppe 12

Acropora proximalis (=*sekiseiensis*), Gruppe 15

Acropora pulchra, Gruppe 26

Acropora plumosa, Gruppe 18

Acropora humilis, Gruppe 21

Acropora tenuis, Gruppe 29

Acropora gemmifera, Gruppe 21

Acropora cythera, Gruppe 19

Acropora suharsonoi, Gruppe 23

Acropora desalwii, Gruppe 30

Acropora lokani, Gruppe 31

Acropora paniculata, Gruppe 31

Acropora tenuis (=*macrostoma*), Gruppe 30

Acropora tumida („Enzmann-Acropora"), Gruppe 15

Acropora caroliniana, Gruppe 31

Acropora millepora, Gruppe 25, im Meer

Acropora millepora, Gr.25, im Aquarium

Acropora jacquelinae, Gruppe 31

Acropora granulosa, Gruppe 31

Acropora valida, Gruppe 35, im Meer

Acropora echinata, Gruppe 38

Acropora valida, Gruppe 35, im Aquarium

Acropora longicyathus, Gruppe 38

Acropora subglabra, Gruppe 38

Acropora secale, Gruppe 33

Acropora gomezi, Gruppe 36

Acropora nasuta, Gruppe 34

Acropora cerealis, Gruppe 37

A. muricata (Stüber-Acropora)

Aquarienpflege

Acropora ist in der Korallenriffaquaristik noch immer die beherrschende Steinkorallengattung. Inzwischen werden nicht nur sehr viele Arten regelmäßig als Naturentnahmen importiert, sondern zahlreiche kommen auch aus Korallenfarmen bzw. von Inlands-Korallenzuchtbetrieben und letztlich auch von anderen Aquarianern. Bei dieser Gattung können Sie sich daher durchaus ein artenreiches Steinkorallenbecken allein mit Nachzuchten einrichten, ohne zu Wildentnahmen greifen zu müssen.

Acropora-Arten fühlen sich in einem frisch eingerichteten Becken nicht wohl – sie benötigen ein reifes Riffaquarium. Das könnte mit ihrem Bedarf an Schwebenahrung zusammenhängen, denn in einem gereiften Riffbecken erzeugen unzählige Kleinorganismen fortwährend Larven, die schließlich den Korallen als tierische Planktonnahrung zur Verfügung stehen. Haben sich Schwämme an der Unterseite des Dekorationsgesteins kräftig vermehrt, werden deren abgestoßene Kragengeißelzellen möglicherweise ebenfalls gefangen und verwertet – etwas, das im frisch eingerichteten Riffbecken kaum stattfinden wird.

Für die Ernährung von *Acropora*-Steinkorallen spielen auch essenzielle Aminosäuren eine wichtige Rolle, die von den Korallenpolypen nicht selbst hergestellt werden können und darum aus dem Umgebungswasser aufgenommen werden müssen. Dies gilt insbesondere für Threonin, möglicherweise auch für Tryptophan und andere Aminosäuren. Sie können den Korallen direkt über Planktonfang bzw. Schwebefutter zugeführt werden oder indirekt durch die Fütterung von Fischen, die über bakterielle Prozesse ebenfalls diese Proteinbausteine entstehen lässt (BROCKMANN 2018).

Bevor Sie *Acropora*-Arten einsetzen, sollte Ihr Riffbecken wenigstens zwölf Monate in Betrieb sein. In der ersten Zeit eignen sich andere Gattungen wie *Montipora, Seriatopora, Stylophora* oder *Pocillopora* erheblich besser, weil bei ihnen in einem relativ frisch eingerichteten Riffaquarium das Verlustrisiko deutlich geringer ist.

Die Aquarieneignung der einzelnen *Acropora*-Arten ist sehr unterschiedlich. Prinzipiell lässt sich sagen, dass eine Steinkorallenart umso schnellwüchsiger sein wird, je leichter und poröser ihr Skelett ist. Da viele *Acropora*-Arten solch rasches Wachstum entwickeln, um umgebungsbedingte Schädigungen und Verluste zu kompensieren (etwa durch Schwankungen in Tem-

Acropora-Nachzuchtkorallen in der Zuchtanlage von Jürgen Wendel (Aufnahme 2010)

Die Artbestimmung aquariengezogener *Acropora*-Korallen ist oft schwierig und bei manchen Arten infolge atypischen Skelettwuchses unmöglich. Wie sehr sich die Aquarienbedingungen auf die Wuchsweise auswirken, zeigt dieses Beispiel zweier *Acropora valida*. Beide sind genetisch identisch, da durch Fragmentation vegetativ vermehrt. Sie befinden sich im gleichen Aquarium und wurden zeitgleich aufgenommen. Nur die Beleuchtungs- und Strömungsbedingungen sind unterschiedlich, was zu dramatischen Anpassungen der Wuchsform führte.

peratur, Dichte oder pH-Wert, z. B. im Flachwasser bei Tiefstebbe und Regen), können Sie ein poröses, leichtes Skelett und schnellen Wuchs als Hinweis darauf werten, dass die betreffende Art in Riffregionen mit stark wechselnden Umgebungsbedingungen zu Hause und relativ widerstandsfähig ist. Zwar trifft dies nicht immer zu, doch in den meisten Fällen, und damit ist es eine gute Faustregel.

Leichte und poröse Spezies wie *A. valida* können im Aquarium regelrecht wuchern, während massiv wachsende wie *A. humilis* oder *A. gemmifera* mit sehr schwerem, dichtem Skelett allgemein problematischer in der Aquarienpflege

Korallenkrabben wie die häufige *Tetralia nigrolineata* und andere finden sich oft in *Acropora*-Steinkorallen

sind. Sie wachsen nicht nur erheblich langsamer, sondern reagieren auch schneller problematisch auf unpassende Umgebungsbedingungen und neigen überdies viel eher zur Geweberezession im unteren Bereich des Stocks, wo sich dann schnell Algen ansiedeln und das noch vitale Gewebe weiter schädigen.

Das rasche Wachstum vieler *Acropora*-Stöcke stellt durch den hohen Verbrauch an Kalzium, Magnesium und Karbonaten für den Aquarianer eine ganz besondere Herausforderung dar, weil diese mineralischen Substanzen in ausreichendem Maß zur Verfügung gestellt werden müssen, etwa durch üppige, regelmäßige Teilwasserwechsel und Kalkreaktor oder Zufuhr nach Hans-Werner Balling („Balling-Methode").

Mit zunehmender Vergrößerung eines *Acropora*-Korallenstocks steigt die Tendenz zum Gewebeverlust im unteren Bereich, besonders bei dicht wachsenden Arten. Grund dafür ist hauptsächlich ein Mangel an Licht und Strömung. Als Folge daraus kommt es zu Veralgung. Darum sollten Sie die Stöcke dicht wachsender Arten regelmäßig beschneiden.

In vielen *Acropora*-Stöcken, die aus dem natürlichen Lebensraum oder einer Korallenfarm im tropischen Flachwasser importiert werden, befinden sich kleine Symbiosekrabben der Gattung *Tetralia* (*Trapezia*-Arten bevorzugen die Korallengattung *Pocillopora*). Sie sind für die Stöcke nicht nur unschädlich, sondern sogar sehr nützlich, weil sie Algenansätze vernichten und auch manche einen Räuber vertreiben, etwa Schnecken oder Krebse, die das Polypengewebe fressen wollen. Nach Beobachtung einiger Aquarianer tragen sie auch aktiv dazu bei, die Ansiedlung von „Trojanern" wie Plattwürmern zu verhindern.

Fragmentierung

Die Vermehrung einer Koralle durch Fragmentierung könnte kaum einfacher sein als bei *Acropora*-Arten. Allerdings sollte das Aquarienmilieu hervorragend sein, was sich an gutem Wachstum der betreffenden Arten zeigen muss. Nur eine kräftig wachsende Koralle sollten Sie fragmentieren. Auch sollten Sie die Größe der Fragmente nicht zu gering wählen, weil sonst die Verlustquote steigt. Fragmente sollten daher möglichst über 5 cm lang sein.

Gattung *Alveopora*

Die Gattung *Alveopora* umfasst derzeit (Frühjahr 2022) 15 gültige Arten sowie vier, die sich noch im Stadium der Revision befinden („taxon inquirendum"). Sie wachsen massiv bis arboreszent. Bis vor wenigen Jahren stellte man sie zur Familie Poritidae (Dana, 1846). Insbesondere mit der Gattung *Goniopora* besitzt *Alveopora* äußerlich große Ähnlichkeit und ist von ihr vor allem durch die zwölf Tentakel zu unterscheiden, die die Mundscheibe umgeben, während *Goniopora*-Polypen 24 besitzen. Allerdings wurden Zweifel an dieser Zuordnung, die sich auf die Skelettstruktur des Koralliten bezogen, schon vor Jahrzehnten formuliert (Veron & Pichon 1982), und inzwischen wiesen molekulargenetische Untersuchungen die Zugehörigkeit zur Familie Acroporidae nach (Kitano et al. 2014).

Aquarienpflege

Korallen der Gattung *Alveopora* tauchen recht selten im Aquaristikhandel auf. Sie sind im Aquarium nur unter etwas nährstoffreicheren Bedingun-

Alveopora gigas

Alveopora catalai

gen haltbar und mögen kein zu sauberes Wasser, sondern benötigen fortwährend feinste Schwebenahrung, deren Partikel an den schleimigen Körpersekreten haften bleiben.

Alveopora tizardi, hier mit Plattwürmern der Gattung *Waminoa* (links)

Fragmentierung

Jürgen Wendel führte in seinem Inland-Korallenfarmbetrieb erstmals eine gezielte vegetative Vermehrung von *Alveopora*-Arten durch, bei der regelmäßig große Mengen an Tochterstöcken produziert wurden.

Die acht gültigen Arten (Stand 2022) der Gattung *Anacropora* ähneln in ihrer Wuchsweise *Acropora*-Arten sehr, doch es gibt einen wesentlichen Unterschied: Ihren Vertretern fehlt der mittig auf jeder Astspitze sitzende Axialkorallit, der bei *Acropora*-Arten stets vorhanden ist.

Alveopora tizardi aus künstlicher Vermehrung (Jürgen Wendel), mit zurückgezogenen Polypen

Gattung *Anacropora*

Anacropora-Arten tauchen im Aquaristikhandel leider kaum auf, obgleich sie im Riff in mittelstarkem Licht sehr wuchsfreudig sind, sodass anzunehmen ist, sie würden sich auch im Aquarium gut entwickeln. *Anacropora forbesi* ist die einzige Art, die gelegentlich in Aquarien gepflegt wird, denn die übrigen sieben Arten dieser Gattung sind im natürlichen Lebensraum sehr selten und bilden nicht die bisweilen riesigen Felder, die bei *A. forbesi* gelegentlich zu finden sind.

Aquarienpflege

Zu starke Beleuchtung sollte vermieden werden, weil dies nicht den Verhältnissen im natürlichen Lebensraum entspricht. *Anacropora forbesi* lebt in Tiefen von ca. 10 m und bevorzugt im Aquarium etwas blaulastigeres Licht (10.000–14.000 K).

Fragmentierung

In meinen Korallenfarmprojekten auf den Philippinen und in Indonesien brachten Fragmentierungsversuche mit *A. forbesi* hervorragende Ergebnisse. Daher war schon damals anzunehmen, dass sie sich auch im Aquarium gut vermehren lässt, was einzelne Aquarianer mittlerweile bestätigen konnten.

Anacropora forbesi

Gattung *Isopora*

Die Korallen dieser Gattung wurden bis vor wenigen Jahren als Untergattung von *Acropora* aufgefasst. Bei der Einteilung in Artengruppen, die J. E. N. Veron im Jahr 2000 vornahm, bildeten sie die Gruppe 1 (Arten, die feste Platten und Säulen ohne erkennbaren Axialkoralliten formen). Intensive Studien von Dr. Carden Wallace und ihren Mitarbeitern (2007) führten jedoch zu der Erkenntnis, dass ihnen der Rang einer eigenständigen Gattung zusteht.

Isopora-Korallen besitzen in der Wuchsform Ähnlichkeit mit *Acropora*-Korallen, weisen jedoch sehr massive, dichte und schwere Skelette auf. Zudem finden sich auf den auffällig breiten, gerundeten Astspitzen keine Axialkoralliten. Von den derzeit (2022) sechs gültigen *Isopora*-Arten dürfte in der Aquaristik bestenfalls *I. palifera* gelegentlich auftauchen, die im natürlichen Lebensraum häufigste Art.

Im Gegensatz zu *Acropora*-Arten bildet *Isopora* am Astende keinen Axialkoralliten

Isopora palifera, vormals Gattung *Acropora*

Gattung *Montipora*

Die Gattung *Montipora* steht in ihrem Artenreichtum den Acroporen kaum nach. VERON (2000) listete 73 Vertreter, davon 15 als Erstbeschreibung. Gegenwärtig (2022) werden 88 Arten als valide angesehen, doch diese Zahl wird sich im Rahmen der Revision sicher noch verändern, denn weitere 52 Arten befinden sich derzeit im Stadium der wissenschaftlichen Prüfung („taxon inquirendum“), wenngleich einige davon vermutlich auch zum Synonym erklärt werden (Doppelbeschreibung einer bereits existierenden Spezies).

Die Wuchsformen dieser Arten sind vielgestaltig: krustenförmig, laminar, submassiv und arboreszent. Allerdings ist die Artbestimmung aquariengewachsener Exemplare meist schwierig, gelegentlich sogar unmöglich, weil diese Gattung sich außerordentlich stark von den Umgebungsbedingungen beeinflussen lässt, sodass sich Faktoren wie die Beleuchtungscharakteristik drastisch auf die Wuchsform auswirken. Merkmale für die Artbestimmung sind neben der Wuchsform die Strukturelemente, die sich zwischen den Koralliten auf dem Coenosteum befinden: die Papillen. Sie können z. B. einzeln stehen, konfluieren (ineinanderfließen) und Rippen bilden oder abwesend sein.

Montipora delicatula, Gruppe 1, im Korallenriff (Cabilao, Philippinen)

Montipora florida, Gruppe 2: laminarer Wuchs ohne deutliche Längsrippung

Montipora capricornis, Gruppe 2: laminarer Wuchs ohne Längsrippung

Montipora tuberculosa, Gruppe 3: Wuchs inkrustierend, stellenweise auch laminar, kleine Koralliten, zwischen denen Papillen stehen, säulenförmige Erhebungen des Coenosteums, deren Durchmesser etwa dem der Koralliten entspricht und die oft farblich mit der Umgebung kontrastieren

Montipora foliosa, Gruppe 1, laminarer Wuchs, deutliche Längsrippung

Montipora confusa, Gruppe 3: Wuchs inkrustierend und laminar, bildet aber auch Säulen, sehr ausgeprägte Längs- und Querrippung

Montipora incrassata, Gruppe 5: Wuchs laminar, bildet dicke und stabile, blattförmige Strukturen sowie ab einer bestimmten Größe auch aufrechte Säulen. Besitzt Papillen, säulenförmige Anhebungen des Coenosteums zwischen den Koralliten, die aber auch ineinander übergehen und kurze Rippen bilden können, Farbe meist Braun bis Grün.

Montipora turgescens, Gruppe 5: Wuchs massiv, hemisphärisch oder kolumnar, Koralliten klein und trichterförmig versenkt, unregelmäßige Oberfläche, Farbe Braun, Beige oder Violett

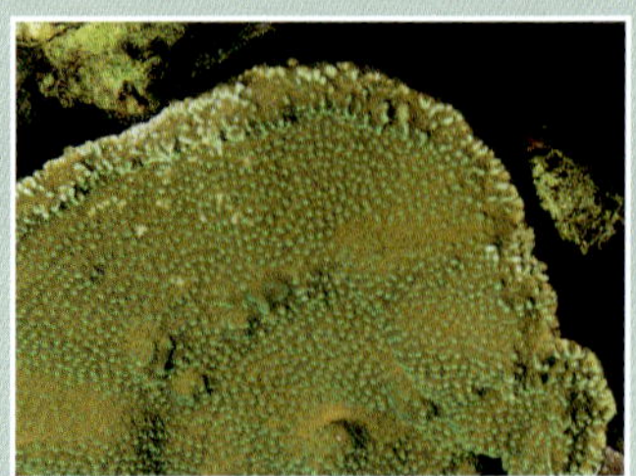

Montipora verrucosa, Gruppe 8: Wuchs submassiv und kolumnar, Koralliten klein, die gesamte Oberfläche ist von Papillen bedeckt, die im Randbereich der Koralle (Wachstumszone) nicht ineinander übergehen, sodass sie keine Rippen bilden (im Gegensatz zu mehreren anderen Arten, die im Randbereich kurze Längsrippen formen, z. B. *Montipora danae* oder *M. verruculosus*), Farbe Blau oder Braun, gelegentlich grün fluoreszierend

Montipora carinata, Gruppe 11: arboreszenter Wuchs mit Ästen, deren Spitzen in typischer Weise abgeflacht sind und weiße Wuchszonen aufweisen. Auf dem Coenosteum befinden sich Papillen, die an manchen Stellen ineinander übergehen und dadurch zu Längsrippen werden, Farbe Beige bis Braun, gelegentlich Grün.

Montipora mollis, Gruppe 5: Wuchs inkrustierend bis foliös, die Koralliten sind leicht versenkt, unregelmäßige Oberfläche

Diese große *Montipora digitata* im Riffbecken des Autors wuchs aus einem wenige Zentimeter großen Teilstück heran und belegt das enorme Wachstumspotenzial dieser Art

Aquariengewachsene *Montipora*-Art; es könnte sich um *M. carinata, M. digitata, M. confusa* oder eine andere Spezies handeln. Diese Bildung der dicht parallel stehenden Säulen kommt so in der Natur nicht vor und ist sicher durch die Aquarienbedingungen ausgelöst worden, insbesondere die Beleuchtung. Im vorderen Bereich wachsen nach dem Abbrechen von Ästen Teile nach, die gewisse Ähnlichkeit mit *M. carinata* aufweisen.
Dieses Beispiel soll zeigen, wie extrem sich die Korallen der Gattung *Montipora* in ihrer Wuchsform von den Umgebungsbedingungen beeinflussen lassen, sodass es bei aquariengewachsenen Stöcken bisweilen nicht möglich ist, die Art exakt zu bestimmen, ohne eine mikroskopische Skelettuntersuchung durchzuführen.

Montipora undata, Gruppe 3: Wuchs inkrustierend, laminar und kolumnar, sehr ausgeprägte Rippung in unterschiedlicher Richtung, typisch kantige Struktur der Säulenspitzen

Montipora digitata, Gruppe 10: Wuchs digitat oder arboreszent, kleine Koralliten, glattes Coenosteum ohne Erhebungen, Farbe Hellbraun, das durch fluoreszierende Pigmente in den Polypen rot oder grün überlagert werden kann; weiße Wuchszone an den Astspitzen

Diese Korallen sind allgemein sehr schnellwüchsig, vor allem die laminar und arboreszent wachsenden Arten. VERON (2000) teilt die Gattung abhängig von Wuchsform und Skelettmerkmalen in zwölf Artengruppen ein (eine vollständige Auflistung der *Montipora*-Artengruppen findet sich im Anhang dieses Buchs).

Allerdings sind die gegenwärtigen Veränderungen durch die Revision der Scleractinia mit molekularbiologischen Methoden allgemein so umwälzend, dass zahlreiche Spezies zu Synonymen erklärt werden und darum ungültig sind. Bei der Gattung *Montipora* haben sich hier bisher zwar nur wenige Änderungen ergeben, doch für die Zukunft ist durchaus damit zu rechnen.

Aquarienpflege

Montipora-Arten eignen sich auch für ein relativ frisch eingerichtetes, wenige Monate altes Riffaquarium, ganz im Gegensatz zu Vertretern der Gattung *Acropora*, die ein wenigstens zwölf Monate gereiftes Becken benötigen. Alle *Montipora*-Arten, die im

Aquariengewachsene *Montipora digitata*, die in einem Korallenzuchtbecken von Jürgen Wendel einen Nylon-Kabelbinder überwächst – ein weiteres Beispiel für das enorme Wachstumspotenzial von Vertretern der Gattung *Montipora*.

Aquariengewachsene *Montipora*-Art; es könnte sich um *M. hoffmeisteri* handeln, denn das Coenosteum ist extrem flach und weist keinerlei Papillen oder sonstige Strukturen auf. Diese Koralle überwächst in einem Korallenzuchtbecken von Jürgen Wendel ein Kunststoffgitter. Das Foto wurde auf herkömmliche Weise belichtet, ist also keine Fluoreszenzaufnahme.

Aquaristikfachhandel regelmäßig auftauchen, haben sich als wuchsfreudig und aquariengeeignet erwiesen. Inzwischen ist die Auswahl im Handel so groß, dass man sich sogar ein *Montipora*-Aquarium einrichten kann.

Das geht schon allein mit Exemplaren aus Korallenfarmen und Inland-Korallenzuchtbetrieben, denn dort werden bereits viele unterschiedliche Arten vermehrt. Durch das kräftige Wachstum können auch aus kleinen Skelettstücken schöne Stöcke herangezogen werden. Darum lohnt es sich, im Händlerbecken auch auf entsprechende blinde Passagiere auf Substrat- oder Lebendgestein zu achten, besonders, wenn sie spektakulär gefärbt sind. Grün fluoreszierende Pigmentierung kann sehr gut durch den Einsatz blauer Leuchtstofflampen oder LEDs verstärkt werden. *Montipora*-Arten mögen mittlere bis starke Beleuchtung und kräftige Wasserströmung.

Fragmentierung

Die vegetative Vermehrung durch Fragmentierung gelingt bei den bisher aquaristisch bekannten *Montipora*-Arten völlig problemlos. Bei sehr fragilen, hochporösen Arten benötigen Sie allerdings etwas Geschick, damit die Koralle tatsächlich an der gewünschten Stelle bricht und nicht in zahlreiche winzige Scherben zerfällt.

Mit einem Multifunktionswerkzeug mit Trennscheibe (Vorsicht: Selbstverletzung vermeiden!) lässt sich das Skelett foliöser *Montipora*-Arten präzise schneiden

Familie Agariciidae Gray, 1847

Sieben Gattungen enthält die Familie Agariciidae derzeit. Ihre Vertreter wachsen massiv oder laminar. Die Begrenzungen der versenkt liegenden Koralliten sind schwer zu erkennen, weil ihre Septen sich bis in die Nachbarkoralliten hinein fortsetzen. Das verleiht den Koralliten eine typische Form. Aquaristisch verbreitete Gattungen sind *Pavona* und *Leptoseris*. Die Gattung *Pachyseris* zählte bisher ebenfalls zu dieser Familie, doch gegenwärtig (2022) sind die Untersuchungen noch nicht abgeschlossen, sodass ihre künftige Gattungszuordnung noch unklar ist (Status „Scleractinia incertae sedis").

Gattung *Pavona*

Die Gattung *Pavona* umfasst derzeit 19 gültige Arten, sechs weitere befinden sich noch im Revisionsstadium („taxon inquirendum"). VERON (2000) teilt sie nach ihrer Wuchsform in zwei Gruppen ein, die blattförmigen, laminar wachsenden (Gruppe 1) und die massiven bis säulenförmigen (Gruppe 2).

Ihre Koralliten bilden flache Einbuchtungen, deren Grenzen schwer zu erkennen sind. Die einzelnen Koralliten sind infolge der durchgehenden Septo-Costae miteinander verbunden; die trennenden Zwischenwände, die im Innern eines Koralliten sternförmig angeordnet sind, setzen sich also über die Korallitenwand hinaus fort und ziehen bis in den Nachbarkoralliten hinein, was bei Detailbetrachtung ein sehr typisches Bild erzeugt. Einige der blattförmig wachsenden *Pavona*-Arten besitzen sehr große Ähnlichkeit mit Vertretern der Gattung *Leptoseris* und unterscheiden sich von ihnen lediglich durch das beidseitige Polypengewebe, denn *Leptoseris*-Arten besitzen nur auf einer Seite der Skelettblätter lebende Polypenmasse.

Pavona cactus im natürlichen Lebensraum (Philippinen)

Aquarienpflege

Korallen der Gattung *Pavona* tauchen nicht sehr oft im Aquaristikhandel auf, sind aber sehr robust und anpassungsfähig. Lediglich Fadenalgen und Cyanobakterienbeläge machen ihnen Schwierigkeiten, und Sie sollten solche Korallen darum nur dann in Ihr Aquarium setzen, wenn es davon frei ist. Die meisten *Pavona*-Arten, vor allem die schnellwüchsigen aus Gruppe 1, lieben kräftige Beleuchtung und starke Wasserströmung. Außerordentlich robust sind die Arten *P. cactus, P. decussata, P. clavus* und *P. venosa*.

Pavona clavus wächst massiv bis säulenbildend (kolumnar) und ist im Aquarium sehr gut haltbar

Fragmentierung

Die vegetative Vermehrung von *Pavona*-Arten ist ausgesprochen einfach, und das fragile Skelett der blattförmig wachsenden Arten aus Gruppe 1 bricht oft schon bei unvorsichtiger Handhabung. Solche Fragmente können leicht mit Unterwasser-Epoxidharz auf neuem Substrat befestigt werden. Bei den massiv wachsenden Arten aus Gruppe 2 wie *P. clavus* ist es zwar auch möglich, Teile des Stocks mit einer fein gezahnten Eisensäge oder mit Hammer und Meißel abzutrennen, doch es ist erheblich einfacher, die dünnen, blattförmigen Auswüchse abzubrechen, die sich oft im Basisbereich der Säulen bilden.

Pavona cactus als Nachzuchtkoralle auf künstlichem Substrat

Pavona decussata überwächst künstliches Substrat schnell und bildet eine Basalscheibe, aus der diese Koralle dann in die Höhe wächst. Die Wuchsform entspricht *P. cactus*, doch die Polypen besitzen lange Tentakel, die fast pelzähnlich wirken. Hier ist eine Polypenausbürgerung zu sehen; ein Skelettstück mit Weichgewebe sinkt abwärts.

Pavona venosa erzeugt zwischen den Koralliten einen Grat, der an ein Venen-Netzwerk erinnert. Auch sie überzieht im Aquarium künstliches Substrat rasch, um dann säulenförmig in die Höhe zu wachsen.

Gattung *Leptoseris*

Die Gattung *Leptoseris* umfasst derzeit 18 gültige Arten, die alle laminar oder krustenförmig wachsen. Hinzu kommt eine, die sich noch in der Untersuchung befindet („taxon inquirendum"). Die zwei Arten *L. gardineri* und *L. papyracea* haben in ihrer laminaren Wuchsform auf den ersten Blick große Ähnlichkeit mit *Pavona cactus*, doch *Leptoseris*-Arten besitzen nur auf einer Seite ihres blattförmigen Skeletts lebende Polypenmasse, *Pavona*-Vertreter hingegen auf beiden. Viele *Leptoseris*-Arten (z. B. *Leptoseris yabei*) sind leicht mit laminar wachsenden *Montipora*-Arten zu verwechseln (z. B. *Montipora delicatula*). Die Skelettstruktur der *Leptoseris*-Koralliten, die deutliche Ähnlichkeit mit *Pavona*-Koralliten hat, verrät jedoch bei genauer Betrachtung die Gattungszugehörigkeit.

Aquarienpflege

Leptoseris-Arten tauchen nur gelegentlich im Aquaristikhandel auf, sind aber wuchsfreudige Korallen, die in kräftigem Sonnenlicht leben. Man trifft sie vor allem in der oberen Riffzone, besonders an der Riffkante und auf dem Riffdach. Im Aquarium benötigen sie darum starke Beleuchtung und kräftige Wasserströmung.

Fragmentierung

Leptoseris-Arten können problemlos fragmentiert werden. Allerdings sitzen die Polypen in relativ großer Entfernung zueinander, weshalb Sie keine zu kleinen Skelettstücke abbrechen sollten. Eine Fragmentgröße von 5 x 5 cm sollten Sie nicht unterschreiten.

Leptoseris hawaiiensis

Familie Dendrophylliidae Gray, 1847

Die Familie Dendrophylliidae umfasst gegenwärtig 25 lebende Gattungen, von denen manche azooxanthellat sind, also keine Symbiosealgen besitzen. Einige von ihnen sind im Riff und in angrenzenden Lebensräumen gelegentlich anzutreffen (z. B. *Heteropsammia*), manche auch nur in tieferen Zonen, spielen aber aquaristisch keine Rolle. Aquaristisch verbreitet sind gelegentlich *Balanophyllia* und *Dendrophyllia*, vor allem aber *Tubastraea*, *Duncanopsammia* und *Turbinaria*.

Gattung *Balanophyllia*

Die Gattung *Balanophyllia* enthält gegenwärtig (Stand 2022) 63 gültige Arten und zwei, die sich noch in der Untersuchung befindet („taxon inquirendum"). Ihre Polypen besitzen Ähnlichkeit mit jenen von *Tubastraea* bzw. *Dendrophyllia*, sind jedoch nicht rund, sondern leicht oval oval. Außerdem bilden sie im Gegensatz zu diesen beiden Gattungen oft keine Polypengruppen, sondern leben eher solitär im Riff, in der Regel an der Unterseite von Steinvorsprüngen. Die meisten *Balanophyllia*-Polypen sind orange gefärbt.

Aquarienpflege

Balanophyllia-Arten sind sämtlich azooxanthellat, bis auf eine, die jedoch nicht in den Tropen zu Hause ist, sondern im Mittelmeer: *Balanophyllia elegans*. *Balanophyllia*-Polypen werden für die Aquaristik nicht gezielt importiert, sondern gelangen höchstens an der Unterseite von Substratgestein unbemerkt in das Aquarium. Da sie nur vom Nahrungsfang leben, verhungern sie

Balanophyllia elegans

Balanophyllia bairdiana ist eine kleine azooxanthellate Art, die Korallitendurchmesser bis 20 mm erreicht und gelegentlich auf Lebendgestein zu finden ist. Sie ist so robust, dass sie sogar wasserlose Transporte übersteht, benötigt im Aquarium aber mehrmals täglich hochwertige Schwebenahrung.

hier meist. Nur bei intensiver täglicher Direktfütterung haben sie Überlebenschancen, was aber voraussetzt, dass sich keine Putzergarnelen im Becken befinden, die solche Nahrungsbrocken stehlen und die Polypen dabei meist auch schädigen. Daher eignen sie sich nur für ein kleines Artenbecken.

Ihr natürlicher Lebensraum ist die Außenriffwand, meist unterhalb der Zehnmetergrenze. Hier siedeln *Balanophyllia*-Polypen am Dach kleiner Höhlen oder unter Steinvorsprüngen, oft auch direkt unter großen, plattenförmigen *Acropora*-Stöcken, wo zooxanthellate Korallen nicht existieren können. Im Aquarium benötigen sie einen Standort außerhalb der stark beleuchteten Zone, mit kräftiger Wasserbewegung, müssen aber nicht völlig dunkel stehen.

Gattung *Dendrophyllia*

Die Gattung *Dendrophyllia* enthält 31 azooxanthellate Arten, deren Polypen tubular wachsen und kleine, allesamt sehr ähnliche gelbe bis orangefarbene Polypengruppen bilden. Bei der Artunterscheidung helfen dem Spezialisten bestimmte Skelettmerkmale im Zentrum des Koralliten (Fusion der Septen), doch am lebenden Polypen ist die Bestimmung kaum möglich. Das gilt bisweilen auch für die Unterscheidung zwischen *Dendrophyllia* und der sehr ähnlichen Gattung *Tubastraea*. Meist sind *Dendrophyllia*-Koralliten größer, im Zentrum eher orange und zum Rand der Mundscheibe hin gelb, während *Tubastraea*-Polypen meist kleiner und homogen gelb gefärbt

Degenerierende, mangelernährte *Dendrophyllia fistula* in einem Riffaquarium in Manila, Philippinen

sind. Doch auch bei ihnen gibt es orange oder sogar rote Farbmorphen.

Dendrophyllia ramea bildet verästelte Skelette, deren Form sehr an die grüne *Tubastraea micranthus* erinnert. Sie sind jedoch kräftig orange gefärbt und besitzen weiße Polypen. *Dendrophyllia fistula* hingegen erinnert in ihrer Wuchsform an gelbe *Tubastraea*-Polypen, besitzt jedoch einen deutlich größeren Korallitendurchmesser und zeigt zum Zentrum des Polypen hin eine zunehmende Orangefärbung, die bis in Rottöne reichen kann.

Dendrophyllia fistula, hier mit geschlossenen Polypen, hat größere Korallitendurchmesser als *Tubastraea*, und die geöffneten Polypen sind dunkler gefärbt

Aquarienpflege

Dendrophyllia-Arten wachsen im Aquarium langsam und haben nur dann eine Überlebenschance, wenn sie regelmäßig direkt gefüttert werden (siehe *Tubastraea*). Natürlicher Lebensraum ist die Außenriffwand, meist unterhalb der Zehnmetergrenze. Hier siedeln *Dendrophyllia*-Polypengruppen oft gemeinsam mit *Tubastraea*-Korallen in kleinen Höhlen oder unter Steinvorsprüngen, häufig auch direkt unter großen, plattenförmigen *Acropora*-Stöcken, wo zooxanthellate Korallen nicht überleben können.

Im Aquarium benötigt *Dendrophyllia* einen Standort außerhalb der stark beleuchteten Zone, mit kräftiger Wasserbewegung, muss aber nicht völlig dunkel stehen. Zerfallendes Polypengewebe sowie Algenwuchs auf den Korallen gehen nicht auf Lichteinwirkung zurück, sondern weisen auf mangelnde Wasserströmung und/oder mangelnde Ernährung hin – zumeist vor allem Letzteres. Wenigstens zweimal täglich muss ihnen direkt geeignetes Futter gereicht werden, und Putzergarnelen dürfen sich nicht im Aquarium befinden.

Fragmentierung

Dendrophyllia-Bestände können durch Fragmentierung vermehrt werden. Allerdings hat dies nur Sinn, wenn die betreffende Art sich im Aquarium etabliert hat und durch wenigstens zweimalige Fütterung am Tag sehr gut wächst. Außerdem dürfen die Koralliten des Fragments dabei nicht beschädigt werden.

Dendrophyllia ramea bildet verästelte Stöcke

Gattung *Duncanopsammia*

Die Gattung *Duncanopsammia* enthielt bisher nur die Art *D. axifuga*, doch inzwischen wurde *Turbinaria peltata* ebenfalls in diese Gattung gestellt: *Duncanopsammia peltata. D. axifuga*, die vor der Küste Australiens und im Chinesischen Meer zu finden ist, lebt bis in 30 m Tiefe auf Hartsubstrat oder auf Sandböden, wo sie in der Tiefe des Weichsubstrats jedoch auch an Gesteinsbrocken befestigt ist. Meist findet man sie an der Basis von Korallenriffen.

Duncanopsammia axifuga

Die früher als *Turbinaria* geführte Koralle *T. peltata* wurde in die Gattung *Duncanopsammia* gestellt und heißt nun *Duncanopsammia peltata.*

Aquarienpflege

Duncanopsammia axifuga besitzt tubuläre Koralliten, die auf sich verzweigenden (bifurcaten) Ästen sitzen. Die Koralliten erreichen 10–14 mm Durchmesser und sind nach oben gerichtet. Diese zooxanthellate Koralle entwickelt große Polypen mit langen Tentakeln, und bei voller Polypenöffnung sind die Koralliten vollständig verdeckt.

Duncanopsammia axifuga erhält in der Natur Sonnenlicht mit moderater Stärke und hohem Kelvin-Wert. Sie ergänzt ihre fotosynthetische Ernährung durch Planktonfang. Im Aquarium kann sie sich an erstaunlich helle Beleuchtung gewöhnen und wächst nach allmählicher Anpassung auch unter kräftigem LED- oder HQI-Licht gut, obgleich sie unter natürlichen Umständen niemals so starker Lichteinstrahlung ausgesetzt ist. Dabei entwickelt sie jedoch eine andere Wuchsform als in der Natur und bildet meist kugelförmige Gestalt, während man unter natürlichen Bedingungen ein flaches Polypenpolster auf dem Substrat findet, bisweilen auch verästelten Wuchs (siehe Seite 62 unten).

D. peltata wächst blattförmig, bildet aber ebenfalls ein sehr hartes, schweres Skelett. Schwebefutter jeder Art nehmen die Polypen gierig an, und auch Frostfutter (z. B. Zyklops) wird gut verwertet, sodass eine regelmäßige Fütterung das Wachstum enorm steigert.

Die Koralliten von *Duncanopsammia axifuga* bilden durch Wachstum im Riffaquarium unnatürliche Kugelform aus

Fragmentierung

Diese Korallen können hervorragend vegetativ vermehrt werden. Allerdings ist ihr Skelett so enorm hart, dass es praktisch unmöglich ist, es von Hand gezielt zu brechen. Eine Möglichkeit liegt in einem kleinen Trennschleifer eines Multifunktionswerkzeugs mit einer aufgesetzten Trennscheibe, die sich präzise in das Skelett fräsen lässt (Vorsicht: Gefahr der Selbstverletzung! Arbeitshandschuhe und Schutzbrille tragen!), eine andere in einer speziellen Bandsäge, deren zahnloses Sägeblatt mit Diamantsplittern bestückt ist.

Sie können sowohl Polypengruppen als auch Einzelpolypen auf neues Substrat setzen und mit Unterwasser-Epoxidharz ankleben. Durch derartige vegetative Vermehrung wurde diese anfangs nur selten importierte *D. axifuga* innerhalb der Aquaristik innerhalb weniger Jahre zu einer relativ gängigen und im Fachhandel oft angebotenen Art. Inzwischen aber kommen viele Korallenimporte aus Australien, dabei auch oft *Duncanopsammia*.

Der Blick von oben auf den *Duncanopsammia*-Koralliten, hier eine Focus-Stacking-Aufnahme, zeigt die Anordnung der Septen

Gattung *Tubastraea*

Die Gattung *Tubastraea* enthält gegenwärtig (Stand 2022) sieben Arten, deren Polypen tubular wachsen, sowie eine im Untersuchungsstadium (taxon inquirendum). Die Stöcke können arboreszente (verästelte) Form besitzen und Größen von weit über einem Meter erreichen (*T. micranthus*) oder kleine Polypengruppen umfassen, die große Ähnlichkeit mit jenen der Gattung *Dendrophyllia* haben (alle übrigen *Tubastraea*-Arten).

Während *T. micranthus* und die schwarze *T. diaphana* leicht zu erkennen sind, können die übrigen *Tubastraea*-Arten, die allesamt sehr ähnliche gelbe bis orangefarbene Polypengruppen bilden, nur vom Spezialisten durch Untersuchung bestimmter Skelettmerkmale (Fusion der Septen im Koralliten) voneinander unterschieden werden. Am lebenden Polypen ist eine Artzuordnung darum nicht möglich, auch wenn viele Autoren dies allein anhand von Fotomaterial praktizieren – solche Artbestimmungen sind nicht verlässlich.

Zwar enthält aquaristische Literatur bisweilen Angaben über farbliche Eigenschaften (z. B. dunklere oder hellere Gelb-, Orangefärbung o. a.), und beispielsweise in Korallenriffen südlich von Okinawa, Japan, sind viele *Tubastraea*-Stöcke dunkelorange bis kräftig rot gefärbt. Solche Färbungen können jedoch keinesfalls als arttypisches Merkmal herangezogen werden, denn die Färbung der Polypen ist definitiv nahrungsabhängig, was sich auch im Aquarium zeigen lässt. Daniela STETTLER (pers. Hinw.) berichtet z. B. von deutlich kräftiger und dunkler werdender Gelbfärbung bei der Ernährung ihrer *Tubastraea* mit Futter, das mit der Nährlösung „Selco" angereichert wurde.

Tubastraea micranthus erreicht enorme Größen (Cebu, Philippinen)

Aquarienpflege

Die Gattung *Tubastraea* ist – wie auch die inzwischen aquarienhaltbaren *Goniopora*-Arten – ein hervorragendes Beispiel für die Fortschritte in der Korallenriffaquaristik, und zudem zeigt sie deutlich, wie sehr die Leistung einzelner Personen das Aquaristikhobby vorwärtsbringen kann. Die Schweizerin Daniela Stettler erwarb im Aquaristikhandel einen faustgroßen *Tubastraea*-Stock, zu einer Zeit, in der diese Korallengattung in der Fachliteratur regelmäßig als nicht aquarienhaltbar deklariert wurde. Durch wenigstens zweimalige Direktfütterung aller Einzelpolypen am Tag mit Frostfutter-Artemien eines bestimmten Anbieters (San Francisco Bay Brand Corporation) vergrößerte sich diese Koralle und wuchs innerhalb von vier Jahren zu einem atemberaubenden Bestand heran, der sich sogar regelmäßig über Larven fortpflanzte.

Einzelne Koralliten, die sich direkt an den Aquarienscheiben ansiedelten, belegten dies überzeugend. Polypen aus diesem Bestand hatten im Gastralraum stets Larven vorrätig, die sich durch leichten Druck auf die Mundscheibe auswerfen ließen bzw. sich nach dem Transport der Koralle in einer Plastiktüte im Transportwasser befanden. Mit anderer Nahrung ließ sich dieses Ergebnis nach Danielas Aussage nicht erreichen, nicht einmal mit Frost-Artemien anderer Hersteller.

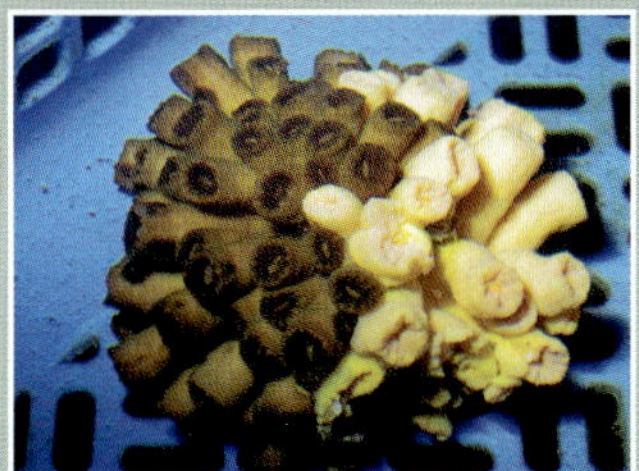
Ungewöhnliche Kombination einer gelben *Tubastraea*-Art mit der schwarzen *T. diaphana*, fotografiert bei einem Exporteur in Jakarta, Indonesien

Üppiger *Tubastraea*-Bestand an einem Höhlendach (Korallenriff bei Raja Ampat, Indonesien)

Die gelben *Tubastraea*-Arten sind sehr beliebt, galten aber als nicht aquarienhaltbar. Den Durchbruch in der Aquarienpflege erreichte Daniela Stettler in Bern, Schweiz

Nachts öffnet *Tubastraea micranthus* ihre faszinierenden Polypen zum Planktonfang (Cebu, Philippinen)

Tubastraea diaphana, fotografiert im Aquarium von Daniela Stettler, Bern, Schweiz

An der hinteren Aquarienscheibe wird deutlich, dass Daniela Stettlers *Tubastraea*-Bestand tatsächlich aquariengewachsen ist. Die Polypengruppen entstanden durch Larven.

Einige *Tubastraea*-Spezies können auch rote Färbung aufweisen. Im natürlichen Lebensraum trifft man rote Farbmorphen vor allem im Süden Japans (Okinawa) an, doch die Rotfärbung geht auf Nahrungsbestandteile zurück (Astaxanthin?) und verschwindet im Aquarium meist recht bald.

Auch weitere Aquarianer wie Silvia Gerhard brachten auf ähnliche Weise *Tubastraea*-Korallen zur Erzeugung von Larven, die sich ansiedelten und Polypengruppen erzeugten. Joe Yaiullo, Direktor des öffentlichen Aquariums „Atlantis Marine World“ (Long Island, New York, USA) berichtete über Erfolge mit ausschließlicher Gabe eines Zyklops-Frostfutters der Firma Cyclop Eeze, das in den USA erhältlich ist.

Prinzipiell gilt Artemien-Frostfutter als nährstoffarm, darum ist dieses Ergebnis eigentlich erstaunlich. Die Erklärung könnte darin liegen, dass Artemien zahlreiche große Ruderfüße besitzen. Der Panzer von Frostfutter-Artemien weist am Ansatz dieser Ruderfüße nämlich viele Öffnungen auf, durch die Körperflüssigkeiten austreten können. Das dürfte einerseits einer der Gründe für ihre Nährstoffarmut als Frostfutter sein, andererseits aber könnte genau dies den *Tubastraea*-Polypen die Möglichkeit geben, noch vorhandene Inhaltsstoffe der Salzkrebschen in Kontakt mit ihren Mesenterialfilamenten zu bringen und deren Nährstoffe aufzunehmen. Mysisgarnelen, Mückenlarven u. a. werden tatsächlich, wie meine Versuche zeigen konnten, unverdaut ausgeschieden. Der Verdauungsapparat von *Tubastraea*-Polypen ist auf winzig kleines Zooplankton ausgerichtet und kann größere Krebstiere wegen des dicken Panzers eigentlich nicht verwerten.

Ein weiterer Grund für den geringen Nährwert von Frost-Artemien liegt jedoch im enormen Energieverlust der Krebschen durch langes Schwimmen zwischen Fang und Tiefkühlen. Hier dürften sich die Produktionsmethoden einzelner Hersteller erheblich unterscheiden, sodass die einzelnen Futtermarken im Nährwert drastisch voneinander abweichen könnten, ohne dass dies für den Käufer an der tiefgekühlten Ware zu entdecken wäre. Zwar ist durchaus denkbar, dass der oben geschilderte Pflegeerfolg von Daniela Stettler auch mit guten Artemiaprodukten anderer Hersteller erreicht werden kann, doch man muss deren Qualität sorgsam vergleichen.

Interessant ist die Tatsache, dass Daniela mit der schwarzen *T. diaphana* nicht das Gleiche gelang, obwohl sie es intensiv versuchte. Es zeigt, dass nicht jede *Tubastraea*-Art sich unter diesen aquaristischen Bedingungen gut vermehren lässt. Dass ihr Erfolg mit der gelben *Tubastraea*-Art jedoch kein artabhängiger Zufall war, zeigt die Tatsache, dass zahlreiche andere Aquarianer, die kleine Polypengruppen von ihr erhielten, ihren Vermehrungserfolg nicht wiederholen konnten.

Die dunkelbraun bis grünlich gefärbte Art *T. micranthus* bildet zweidimensionale, verästelte Stöcke, die ähnlich wie Hornkorallenfächer quer zur Strömung stehen. Nachts öffnen sich die Polypen zum Planktonfang. FOSSÅ & NILSEN (1995)

Vollständig aquariengewachsene *Tubastraea*-Korallen im Riffbecken von Daniela Stettler

Voraussetzung für die üppige Vermehrung ihrer *Tubastraea*-Polypen war die zweimalige Fütterung pro Tag mit Artemien. Daniela verwendete dafür ausschließlich ein Produkt der San Francisco Bay Brand Corporation.

bezweifelten, dass es möglich ist, sie im Aquarium erfolgreich zu pflegen, doch diese Annahme rührt vermutlich von einer ungeeigneten Platzierung im Aquarium in der Dunkelzone her.

Tubastraea micranthus ist kein reiner Planktonfänger, wie früher angenommen, sondern beherbergt die endolithische Alge *Ostreobium queckettii*, die symbiotisch im Skelett lebt (SCHLICHTER 1997) und jene Lichtstrahlung erhält, die den äußeren Skelettanteil durchdringt. Das dürfte einer der Gründe dafür sein, dass diese Art als einziger Vertreter der Gattung *Tubastraea* die starke Wachstumskonkurrenz der zooxanthellaten Steinkorallen nicht meidet und auch deutlich oberhalb der Zehnmetergrenze an der Außenriffwand zwischen *Acropora*-Arten und anderen Steinkorallen wächst. Ein weiterer Grund liegt zweifellos in der langen, fächerförmigen Wuchsform, die dazu führt, dass diese Art kaum von anderen Korallen überwachsen werden kann.

Im Aquarium sollte *T. micranthus* zwar nicht direkt unter einer starken LED-Leuchte platziert werden, doch sie braucht für ihre endolithischen Algen wenigstens mittelstarke Beleuchtung. Sie in den dunklen Bereich des Aquariums zu setzen, wäre falsch, denn hier wäre sie nicht lebensfähig. Allerdings muss *T. micranthus* trotz der endolithischen Algen täglich gefüttert werden, denn diese tragen mit rund 7 % erheblich weniger zur Deckung des Kohlenstoffbedarfs der Koralle bei als die endozellulären Symbiosealgen, die wir üblicherweise bei zooxanthellaten Korallen finden (D. SCHLICHTER, pers. Hinw.).

Die azooxanthellaten Arten *Tubastraea floreana, T. tagusensis, T. coccinea* und *T. faulkneri* bilden gelbe bis orangefarbene Polypen, während *T. diaphana* ähnlich aussehende Polypen mit dunkelbrauner, oft schwärzlich wirkender Farbe aufweist. „*Tubastraea aurea*“ ist ein Synonym und bezeichnet *T. coccinea,* deren wissenschaftliche Gültigkeit derzeit aber fraglich ist (taxon inquirendum). Diese Arten leben allesamt an der Außenriffwand, meist unterhalb der Zehnmeter-

Tubastraea micranthus im Aquarium von David Saxby, London, Großbritannien

grenze. Da sie kein Licht benötigen, siedeln sie gewöhnlich an dunklen Stellen, z. B. am Dach kleiner Höhlen oder unter Steinvorsprüngen, oft auch direkt unter großen, plattenförmigen *Acropora*-Stöcken, wo zooxanthellate Korallen nicht existieren können.

Fosså & Nilsen (1995) erwähnen, dass diese Stöcke im Aquarium nicht so platziert werden sollten, dass die Koralliten nach oben stehen, weil sich dann leicht Detritus auf dem Coenosteum, dem Raum zwischen den Koralliten, ansammelt, was zum Absterben des Gewebes führen kann. Darum empfehlen sie eine hängende Platzierung mithilfe einer Plastikschraube. Dieser Pflegehinweis ist sicher richtig und nützlich, doch die Ansammlung von Detritus auf der Polypenkolonie scheint ein Problem mangelnder Wasserströmung zu sein, denn bei ausreichend starker Wasserbewegung sind diese Polypen auch in horizontal angeordneten Flächen gesund zu erhalten, wie das Aquarium von Daniela Stettler zeigt.

Im Aquarium benötigen diese *Tubastraea*-Arten einen Standort außerhalb der stark beleuchteten Zone, mit kräftiger Wasserbewegung, müssen aber nicht völlig dunkel stehen.

Fragmentierung

Tubastraea-Arten können durch Fragmentierung vermehrt werden. Allerdings hat dies nur Sinn, wenn die betreffende Art sich im Aquarium etabliert hat und durch üppige Ernährung sehr gut wächst. Außerdem dürfen die Koralliten dabei nicht beschädigt werden. Wie jedoch das Beispiel der Vermehrung im Aquarium von Daniela Stettler zeigt, ist bei optimaler Ernährung kein Fragmentieren nötig, denn die Tiere breiten sich dann auch auf Gesteinsoberflächen und sogar Aquarienscheiben aus.

Tubastraea micranthus degeneriert bei unzureichender Fütterung und Beleuchtung sehr schnell

Gattung *Turbinaria*

Die Gattung *Turbinaria* enthält gegenwärtig (Stand 2022) zwölf gültige Arten, die meist laminar wachsen, darüber hinaus aber noch 32 Spezies, die sich in der Revision befinden („taxon inquirendum"), sodass sich an der Artenzahl durchaus noch etwas ändern kann.

Die blattförmigen Skelettanteile weisen meist unregelmäßige Verwindungen auf, entwickeln bisweilen aber auch säulenförmige Anteile. Die Wuchsform ist stark von der Beleuchtung abhängig, und durch ihre ausgeprägte Anpassung an die Beleuchtungsbedingungen gehört *Turbinaria* zu den variabelsten Steinkorallen überhaupt (VERON 1986). Die Polypen sind auch tagsüber geöffnet.

Aquarienpflege

Turbinaria-Arten gehören zu den gut haltbaren Korallen und wachsen im Aquarium zwar nicht rasant, aber doch kräftig. Sie nesseln nur schwach, sind nicht aggressiv gegenüber anderen Korallen und bilden in der Regel keine Kampftentakel aus, um Konkurrenten auf Distanz zu halten.

Im natürlichen Lebensraum siedeln *Turbinaria*-Arten in flachen Riffzonen, und mit Ausnahme von *T. stellulata* leben sie meist in recht trübem Wasser. Die starke Anpassung der Form

Turbinaria mesenterina im Meer (Philippinen) und im Aquarium (Pieter van Suijlekom). Unter Schwachlichtbedingungen in größerer Tiefe entwickelt sich bei dieser Art eine glattere Wuchsform, während sie unter stärkerer Beleuchtung im Flachwasser mit intensiven Verwindungen wächst, um die Oberfläche zu vergrößern, weil dann auch Vertikalflächen ausreichend Licht erhalten.

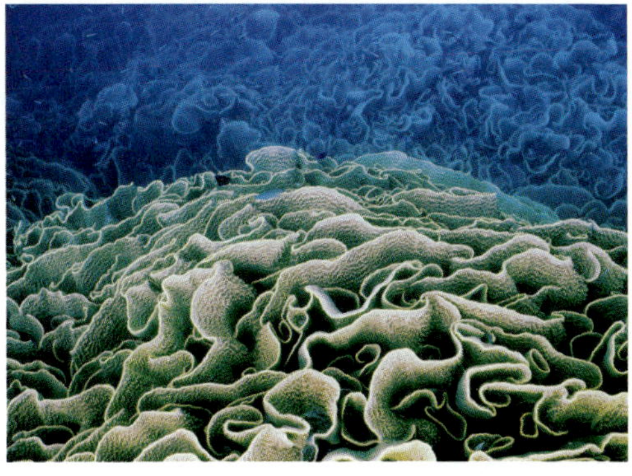

Turbinaria reniformis im Meer (Rotes Meer) und im Aquarium (Atlantis Marine World; im oberen Bereich der Kolonie von *Turbinaria*-Korallen im Aquarium befindet sich *T. mesenterina*, während es sich bei den gelben Lamellen weiter unten um *T. reniformis* handelt)

des Korallenstockes an die Beleuchtung lässt bei einer naturentnommenen Koralle Rückschlüsse auf ihren Standort zu. Besitzt sie viel vertikal ausgerichtete Flächenanteile mit Polypen, kommt sie aus flachem Wasser, wächst sie hingegen nur horizontal mit Teller- oder Schüsselform, stammt sie aus tieferem Wasser und sollte etwas vorsichtig an starkes Licht gewöhnt werden.

Fragmentierung

Turbinaria-Arten können problemlos durch Fragmentierung vermehrt werden. Allerdings muss das bei manchen Arten (z. B. *Turbinaria mesenterina*) feste und dicke Skelett dazu mit einer fein gezahnten Eisensäge zertrennt werden. Alternativ können Sie einen Mini-Trennschleifer eines Multifunktionswerkzeugs einsetzen, um einen präzisen Schnitt in das Skelett zu setzen (Vorsicht: Gefahr der Selbstverletzung!). An der Bruchkante des Skeletts erscheinen meist schon nach kurzer Zeit neue Koralliten. Das Zerschlagen mit Hammer und Meißel ist nicht ratsam, weil die starke Erschütterung die Polypen verletzen kann, vor allem außerhalb des Wassers mit veränderten Schwerkraftverhältnissen.

Die frühere Art *Turbinaria peltata* wurde in die Gattung *Duncanopsammia* gestellt und heißt jetzt *Duncanopsammia peltata*

Familie Euphylliidae Alloiteau, 1952

Die Familie Euphylliidae wurde Mitte des 20. Jahrhunderts von dem französischen Zoologen J. Alloiteau eingerichtet. Sie enthält derzeit (Stand 2022) sieben gültige Gattungen, von denen aquaristisch vor allem *Catalaphyllia, Euphyllia, Fimbriaphyllia* und *Galaxea* Bedeutung haben. *Ctenella, Montigyra* oder *Simplastrea* tauchen aquaristisch kaum einmal auf.

Die Gattungen *Plerogyra, Physogyra* und *Nemenzophyllia*, die zuvor ebenfalls dieser Familie zugerechnet worden waren, befinden sich künftig gemeinsam mit der Gattung *Blastomussa* in der neuen Familie Plerogyridae, die Rowlett 2020 für sie einrichtete.

Euphyllia, Galaxea und *Catalaphyllia* wurden schon im Meeresaquarium gehalten, lange bevor Anfang der 1990er-Jahre die Zeit der kleinpolypigen Steinkorallen angebrochen war. Das lag jedoch weniger an den damaligen aquaristischen Möglichkeiten als an der Robustheit dieser Korallen. Sie galten seinerzeit als die einzigen aquaristisch haltbaren Steinkorallen, doch tatsächlich starben sie unter den damals noch unzureichenden Haltungsbedingungen einfach nur langsamer als andere. Echtes Skelettwachstum war nur in wenigen Ausnahmefällen zu beobachten, und irgendwann begannen die Stöcke zu degenerieren. Inzwischen sind sie unter den erheblich verbesserten Pflegebedingungen aber gut haltbar und wachsen, wenngleich artentsprechend langsam.

Gattung *Catalaphyllia*

Die Gattung *Catalaphyllia* ist monotypisch, enthält also nur eine Art: *Catalaphyllia jardinei*. Die taxonomische Zuordnung ist gegenwärtig allerdings unsicher; Rowlett empfahl, die Gattung *Catalaphyllia* in die Familie Merulinidae zu stellen. Diese Korallen wachsen flabello-meandroid und besitzt große Polypen, deren Mundscheibe in typischer Weise von Tentakeln gesäumt ist. Diese Tentakel sind hell und besitzen pinkfarbene bis violette Spitzen, was den Korallen auf den ersten Blick gewisse Ähnlichkeit mit einer Seeanemone verleiht.

Aquarienpflege

Catalaphyllia jardinei ist im Aquarium relativ anspruchslos. Die Tentakel werden nachts zum Planktonfang ausgestreckt, und eine Gabe von Frostfutter einmal wöchentlich ist wichtig, um die Polypen gesund zu erhalten. Wie alle Euphylliidae-Arten bevorzugt auch *C. jardinei* im natürlichen Lebensraum tiefere Riffzonen, die nicht nur vor Turbulenzen geschützt sind, sondern auch stabilere Bedingungen bieten. Im Aquarium sollten darum Beleuchtung und Wasserbewegung nur mittelstark sein.

Neben dem Skelettwachstum berichten Aquarianer auch gelegentlich über die Bildung von Anthocauli im Basisbereich des Skeletts und das Heranwachsen neuer Polypen. Allerdings werden diese Korallen im Aquarium bei hohen Nitrat- und Phosphatkonzentrationen von Bohralgen bedroht, die in das Skelett eindringen, es mürbe und brüchig machen.

Fragmentierung

Besteht ein Stock aus mehreren Einzelpolypen, können deren Koralliten für eine vegetative Vermehrung voneinander getrennt werden. Meist geschieht dies jedoch schon beim Export. Jür-

Catalaphyllia jardinei

gen Wendel vermehrte diese Koralle bereits erfolgreich durch das Zerbrechen eines einzelnen Koralliten in zahlreiche Einzelstücke, die dann fehlende Substanz regenerierten.

Gattung *Euphyllia*

Die Gattung *Euphyllia* enthält aktuell (Stand 2022) vier Arten, darunter die erst 2012 von Erdman et al. beschriebene *E. baliensis*. Die Skelette sind dünnwandig, aber fest und massiv, und die Tentakel bleiben Tag und Nacht ausgestreckt.

Fünf weitere ehemalige *Euphyllia*-Arten, die aquaristisch sehr beliebt sind (*E. ancora, E. paraancora, E. divisa, E. paradivisa, E. yaeyamensis*), befanden sich in der Untergattung *Fimbriaphyllia*, die Veron & Pichon 1980 eingerichtet hatten – sie wurde jedoch von Luzon et al. 2017 nach molekulargenetischen Untersuchungen in den Gattungsrang erhoben. Neun weitere traditionell unter *Euphyllia* geführte Spezies (z. B. *E. fimbriata, E. kabiraensis* und *E. plicata*) befinden sich derzeit in der Revision (Status „taxon inquirendum", Stand 2022). Dadurch befinden sich in der Gattung *Euphyllia* aktuell nur noch *E. baliensis, E. cristata, E. glabrescens* und *E. paraglabrescens*.

Aquarienpflege

Euphyllia-Arten gehören zu den Steinkorallen, die schon in den frühen 1980er-Jahren im Meeresaquarium gepflegt wurden, noch lange bevor einige davon wissenschaftlich beschrieben waren. Zwar war *E. glabrescens* schon lange bekannt, doch *E. paraglabrescens* wurde erst 1990 von Veron beschrieben, als sie aquaristisch längst etabliert war. Allerdings ließen sich diese Korallen stets nur eine begrenzte Zeit pflegen, denn irgendwann begann das Polypengewebe zu degenerieren. Echtes Wachstum bei *Euphyllia*-Arten ist im Aquarium erst seit den 1990er-Jahren möglich.

Vertreter der Gattung sind im Aquarium anspruchslos, werden bei hohen Nährstoffkonzentrationen aber leicht von Bohralgen befallen, die

Euphyllia cristata

Euphyllia glabrescens besitzt längliche Koralliten, was jedoch bei vollständig geöffneten Polypen nicht zu sehen ist

Euphyllia paraglabrescens weist keine länglichen Koralliten auf, sondern runde, besitzt jedoch identische Tentakel wie *E. glabrescens*

in das Skelett eindringen und es mürbe und brüchig machen. Ob es sich dabei um eine Störung handelt, die durch die Nährstoffanreicherungen im Aquarienwasser entsteht, oder lediglich um die Entgleisung einer Lebensgemeinschaft aus Steinkoralle und endolithischen Algen im Korallenskelett, ist noch unbekannt – in Band 2 dieser Buchreihe wird darauf detaillierter eingegangen.

Der natürliche Lebensraum der Euphylliiden sind Zonen am tieferen Riffhang, etwa ab 15 m, wo die Strömungsverhältnisse ruhiger sind und die Bedingungen insgesamt stabiler als im Flachwasser. Im Aquarium sollten sie in mittelstarker bis starker Beleuchtung und gemäßigter Wasserströmung platziert werden.

Fragmentierung

Euphyllia-Arten können durch Fragmentierung vermehrt werden. Dazu werden einzelne Koralliten oder Korallitengruppen am zentralen Teil des Skeletts abgebrochen und mit Unterwasser-Epoxidharz an einem Substratstein befestigt. Dabei sollten die Koralliten allerdings nicht beschädigt werden, was vor allem dann schwierig sein kann, wenn das Skelett von Bohralgen geschwächt ist.

Bei zurückgezogenem Polypengewebe wird die Skelettstruktur deutlich (hier *Euphyllia glabrescens* mit sehr starker Grünfluoreszenz)

Gattung *Fimbriaphyllia*

Die Gattung *Fimbriaphyllia* wurde von VERON & PICHON 1980 zunächst als Untergattung von *Euphyllia* eingerichtet. 2017 allerdings erhoben LUZON et al. sie in den Gattungsrang und stellten damit fünf aquaristisch sehr bekannte und beliebte ehemalige *Euphyllia*-Arten in eine eigene Gattung.

Aktuell enthält die Gattung *Fimbriaphyllia* die folgenden fünf Arten: *Fimbriaphyllia ancora, F. divisa, F. paraancora, F. paradivisa* und *F. yaeyamaensis*, die nach den japanischen Yaeyama-Inseln benannt wurde. *Fimbriaphyllia paradivisa* und *F. paraancora* wurden von J. E. N. VERON erst im Jahr 1990 wissenschaftlich beschrieben (damals noch als *Euphyllia*), zu einer Zeit, als sie aquaristisch längst etabliert waren.

Die Skelette dieser aquaristisch recht anspruchslosen Korallen sind dünnwandig, aber fest und massiv, und die Tentakel sind Tag und Nacht ausgestreckt. Eine Direktfütterung mit Planktonersatz – z. B. kleinen Frostfutterpartikeln wie Zyklops – einmal pro Woche ist hilfreich, um sie bei guter Gesundheit zu halten. Sie benötigen mittelstarke Beleuchtung und Wasserströmung, da sie auch im natürlichen Lebensraum das Flachwasser mit turbulenter Strömung und stärkster Sonnenstrahlung meiden.

Fimbriaphyllia [=*Euphyllia*] *paraancora* im Meer (oben) und Aquarium (unten); man erkennt deutlich die rosettenförmige Anordnung der Tentakel, die darauf zurückgeht, dass der Korallit nicht mäandrierend wächst und länglich ist wie bei *F. ancora*, sondern phaceloid, sodass die einzelnen Koralliten röhrenförmig sind

Aquarienpflege

Siehe *Euphyllia*

Fragmentierung

Siehe *Euphyllia*

Diese Tentakelform ist sehr charakteristisch für die hier gezeigte Art *Fimbriaphyllia* [=*Euphyllia*] *ancora*, die längliche (mäandrierende) Koralliten besitzt. Nur *F. paraancora* weist dieselben Tentakel auf, hat jedoch kleine, runde Koralliten. In der Färbung der Tentakel existiert eine große Bandbreite zwischen Braun, Grau und Grün.

Fimbriaphyllia [= *Euphyllia*] *ancora* im Meer. Man erkennt auf dem Bild die mäandrierenden Koralliten, die nur tief im Innern des Skeletts an der Basis miteinander verbunden sind. Einzelne Koralliten werden für die Aquaristik abgetrennt und im Fachhandel angeboten.

Fimbriaphyllia ancora im Aquarium

Die Tentakel von *Fimbriaphyllia* [=*Euphyllia*] *divisa* verästeln sich, und die Koralliten sind länglich mäandrierend.

Fimbriaphyllia [=*Euphyllia*] *paradivisa* hat die gleichen Tentakel wie *F. divisa*; man erkennt bei genauem Hinsehen, dass sie nicht länglich mäandrierend wachsen, sondern rund. Die Artbestimmung gelingt daher nur mit einem Blick auf die Koralliten, die bei *F. paradivisa* klein und rund sind.

Die Tentakel von *Fimbriaphyllia* [=*Euphyllia*] *yaeyamaensis* haben gewisse Ähnlichkeit mit jenen von *Fimbriaphyllia paradivisa*, doch es kommt kaum zur Verästelung und Ausbildung von Sekundärtentakeln, sondern nur zu leichten Ausbuchtungen, die jedoch die gleichen rundlichen Endungen („Acrosphären") besitzen, dicht mit Nesselzellen besetzt und kontrastierend gefärbt

Gattung *Galaxea*

Die Gattung *Galaxea* enthält aktuell (Stand 2022) neun gültige, lebende Arten. Hinzu kommen sieben weitere Arten, die sich noch im Stadium der Untersuchung befinden („taxon inquirendum“). Ihre Umstellung aus der Familie Oculinidae zu den Euphylliidae mag überraschen, ist jedoch das Ergebnis molekulargenetischer Untersuchungen (z. B. Fukami et al. 2008).

Galaxea-Korallen bilden kissen- bis säulenförmige Strukturen, die sich allerdings aus zahlreichen einzelnen röhrenähnlichen Koralliten zusammensetzen. Diese parallel stehenden Koralliten sind durch eine dünne Coenosteum-Schicht verbunden. Die Septen sind ungewöhnlich lang und artabhängig als aufrecht stehende, spitze Struktur ausgebildet. Die aquaristisch häufigste Art ist *G. fascicularis*.

Aquarienpflege

Galaxea-Arten sind wuchsfreudig und wenig anspruchsvoll, tolerieren mittlere bis hohe Beleuchtungs- und Strömungsstärken. Allerdings sind sie sehr durchsetzungsstark, wenn es darum geht, benachbarte Korallen zu verdrängen. Nachts strecken sie häufig lange Kampftentakel aus, die 20 cm und mehr an Länge messen können. Darum werden sie mit zunehmender Größe des Korallenstocks im Aquarium oft zum Problem, weil sie andere Korallen schwer schädigen.

Fragmentierung

Galaxea-Arten können leicht durch Fragmentation vermehrt werden, was sogar oft unbeabsichtigt geschieht, weil die einzelnen röhrenförmigen Koralliten bei Berührung leicht abbrechen. Ein Einzelkorallit, der auf neues Substrat geklebt wird, kann innerhalb eines Jahres zu einer ansehnlichen Koralle heranwachsen.

Galaxea fascicularis vernesselt mit Kampftentakeln die Korallen in ihrer Umgebung

Galaxea fascicularis im Aquarium

Familie Faviidae Gregory, 1900

Die Faviidae waren bis vor Kurzem mit 24 Gattungen die gattungsreichste Familie der Steinkorallen. Im Rahmen der gegenwärtigen Revision wurden aber viele dieser Gattungen in andere Familien gestellt, weil mit molekulargenetischen Untersuchungen entsprechende Verwandtschaft nachgewiesen werden konnte. Übrig blieben neben einigen ausgestorbenen Gattungen nur noch zehn rezente (gegenwärtig lebende), die in zwei Unterfamilien gegliedert wurden: die Faviinae mit kleineren Koralliten und die Mussinae mit größeren Koralliten und schweren Skeletten.

Unterfamilie Faviinae

Die Unterfamilie Faviinae enthält vor allem Gattungen mit geringer aquaristischer Bedeutung, bis auf eine, die in vielen Riffaquarien zu finden ist: *Favia*.

Gattung *Favia*

Die Gattung *Favia* enthielt vor der gegenwärtigen Revision (Stand 2022) 22 Arten. Sie waren nach ihrem Korallitendurchmesser in drei Gruppen eingeteilt (Veron 2000): unter 8 mm (Gruppe 1), 8–12 mm (Gruppe 2) und über 12 mm (Gruppe 3). Die Wuchsform der Gattung ist massiv; es entstehen flache halbkugelige oder turmförmige Korallenstöcke. Obgleich nach neuesten molekulargenetischen Untersuchungsergebnissen keine enge Verwandtschaft mit der Gattung *Favites* be-

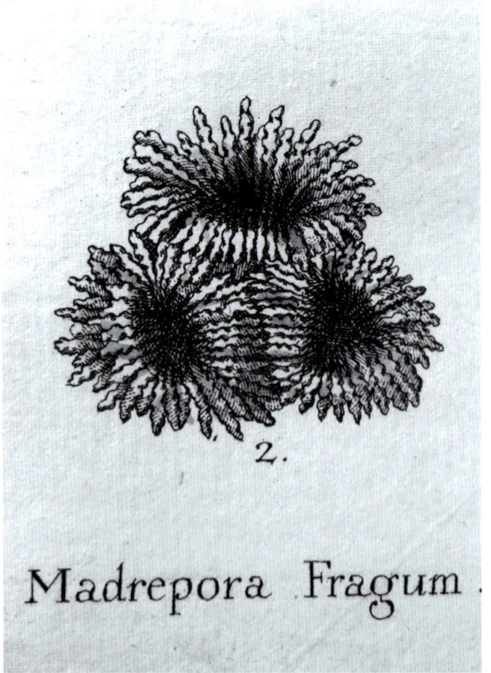

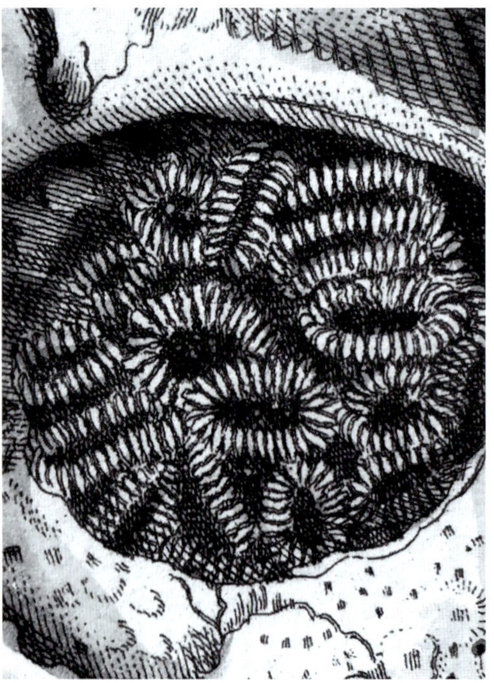

Favia fragum wurde 1795 von E. J. C. Esper beschrieben. Die obigen Zeichnungen (Skelett und lebende Koralle) waren Grundlage seiner Erstbeschreibungen und wurden hier aus einem Original seines damaligen Werks „Pflanzenthiere" (ab 1791) reproduziert.

Charakteristisch an *Favia fragum* sind die dicht benachbart sitzenden Koralliten, deren Septo-Costae unterschiedlich lang sind, weil nicht alle Septen bis zum Zentrum des Koralliten reichen

steht, ähnelt sich die Korallitenstruktur der beiden Gattungen so sehr, dass man oft Mühe hat, sie auseinanderzuhalten.

Möglich ist dies anhand eines meist deutlichen Merkmals: *Favia*-Koralliten besitzen jeweils eine eigene Korallitenwand, und zwischen den einzelnen Koralliten ist im Skelett meist eine schmale Coenosteum-Fläche zu erkennen (plocoider Wuchs). *Favites*-Koralliten hingegen teilen ihre Wand mit dem benachbarten Koralliten, und dazwischen ist kein Coenosteum erkennbar (cerioider Wuchs). Dieser Unterschied ist bei den meisten Arten (nicht bei allen!) auch am lebenden Polypengewebe zu erkennen.

Von den zahlreichen *Favia*-Arten sind allerdings nun nur noch wenige übrig. Gegenwärtig sind es zwei: *Favia fragum* und *F. gravida*. Viele weitere befinden sich momentan noch in der molekulargenetischen Untersuchung („taxon inquirendum"), und alle übrigen wurden anderen Gattungen zugeordnet. Einige wurden zu *Favites*-Arten, andere zu *Goniastrea*- oder *Mussismilia*-Spezies, doch die meisten werden nun in der Gattung *Dipsastraea* geführt und gehören damit zur Familie Merulinidae.

Aquarienpflege

Beide *Favia*-Arten gehören im Aquarium zu den weniger schnellwüchsigen Steinkorallen, sind nicht unproblematisch, aber durchaus gut haltbar. Eine Versorgung mit Frostfutter (z. B. Zyklops) oder feinem Schwebefutter zur Nachtzeit, wenn die Tentakel zum Planktonfang ausgestreckt sind, ist für ihre Entwicklung sehr förderlich. Im natürlichen Lebensraum bevorzugen sie den oberen Riffhang, bisweilen auch Lagunen, und im Aquarium benötigen sie mittelstarke Beleuchtung und Strömung.

Fragmentierung

Favia-Korallen können durch Fragmentierung vermehrt werden, die dabei verletzten Polypen gehen in der Regel zugrunde. Darum sollte ein solches Fragment, das z. B. aus einer großen Koralle mit einer Lochsäge und einer Bohrmaschine gewonnen werden kann, recht groß sein. Es wird mit Unterwasser-Epoxidharz auf neues Substrat geklebt.

Unterfamilie Mussinae

Diese Unterfamilie besaß früher Familienstatus (Mussidae) und umfasste zahlreiche aquaristisch relevante Gattungen, die ein massives Skelett mit großen Koralliten aufweisen und solitär oder kolonial leben: *Acanthastrea*, *Blastomussa*, *Lobophyllia*, *Micromussa*, *Symphyllia*, *Scolymia* und *Cynarina*. Im Rahmen der jüngsten und noch andauernden Revision wurden die meisten davon anderen Familien zugeordnet: *Acanthastrea*, *Cynarina*, *Lobophyllia*, *Micromussa*, *Moseleya* und *Oxypora* finden sich nun in der Familie Lobophylliidae. Die Gattung *Blastomussa* hingegen wurde in die neu geschaffene Familie Plerogyridae gestellt, zusammen mit den Blasenkorallen (z. B. *Plerogyra*).

Die jetzige Unterfamilie Mussinae enthält nur noch vier Gattungen, denn *Caulastrea*, *Favites*, *Goniastrea*, *Platygyra* und *Echinopora* befinden sich nun in der Familie Merulinidae. Aquaristische Bedeutung besitzen die Mussinae vor allem dank der beiden Gattungen *Mussa* und *Scolymia*.

Gattung *Scolymia*

Scolymia cubensis

Die Gattung *Scolymia* enthält nur noch drei Arten: *Scolymia wellsi*, *S. cubensis* und *S. lacera*. *Scolymia vitiensis* wurde im Rahmen molekulargenetischer Untersuchungen zur Gattung *Lobophyllia* gestellt (*L. vitiensis*), und *Scolymia australis* zur Gattung *Homophyllia* (*H. australis*). Eine weitere befindet sich derzeit (Stand 2022) im Status „taxon inquirendum".

Aquaristische Bedeutung hat vor allem die aus der Karibik stammende *S. cubensis*, die im europäischen Fachhandel allerdings selten auftaucht. Sie bildet monozentrische Polypen, die also nur eine Mundöffnung aufweisen. Der Korallit hat zahlreiche dünne, radiär angeordnete Septen, die beim Blick von oben an das Skelett einer *Fungia* erinnern, doch die massiven Korallitenwände sind sehr hoch und dick, und demzufolge ist das Skelett sehr schwer.

Aquarienpflege

Scolymia cubensis gehört im Aquarium zu den sehr langsam wachsenden Korallen, ist aber unter gleich bleibenden Aquarienbedingungen gut haltbar. Allerdings werden diese Tiere im Aquarium langfristig von Bohralgen bedroht, die in das Skelett eindringen und es mürbe und brüchig machen.

Nachts streckt die Koralle die Tentakel zum Planktonfang aus, und Frostfutter wenigstens einmal wöchentlich hilft, die Polypen gesund zu erhalten. In der Natur lebt die Art im oberen Teil des Riffhanges, bevorzugt dort aber Stellen, die vor starker Strömung geschützt sind. Im Aquarium sollte sie in mittelstarker Beleuchtung und Wasserströmung platziert werden.

Scolymia cubensis kann als solitär lebende Art

Fragmentierung

nicht ohne weiteres durch Fragmentierung vermehrt werden. Allerdings ist denkbar, dass unter optimalen Aquarienbedingungen eine Fragmentierung des Skelettes ohne Verletzung des Polypen möglich ist. Dabei wird auf das Polypengewebe Zug ausgeübt, was eine Teilung des Polypen („induzierte Longitudinalfission“) und die nachfolgende Regeneration des Koralliten auslöst. Dies gilt allerdings keinesfalls für Exemplare, die in schlechtem Ernährungszustand sind oder deren Skelett bereits von Bohralgen geschwächt ist.

Gattung *Mussa*

Die Gattung *Mussa* enthält gegenwärtig (Stand 2022) nur noch eine einzige Art: *Mussa angulosa*. Zehn weitere befinden sich noch in der molekulargenetischen Untersuchung („taxon inquirendum“), und mehr als 40 ursprüngliche *Mussa*-Arten wurden bereits zu anderen Gattungen gestellt, zumeist zu der sehr ähnlich aussehenden Gattung *Lobophyllia*. Dadurch spielt die Gattung *Mussa* in der Aquaristik eigentlich kaum noch eine Rolle, obgleich sich viele ihrer früheren Arten noch in Aquarien befinden.

Allerdings war es schon immer ausgesprochen schwierig, eine im Fachhandel auftauchende, lebende *Mussa*-, *Lobophyllia*- oder *Symphyllia*-Koralle sicher auf Gattungsebene zu bestimmen. Die Ähnlichkeit ist enorm, und zudem variiert die Polypengestalt in Abhängigkeit von den Umgebungsbedingungen sehr. Auch tauchen im Aquaristikfachhandel nur Jungkorallen oder Fragmente auf, die nicht das Erscheinungsbild der adulten Koralle wiedergeben können.

Aquarienpflege

Mussa angulosa ähnelt in ihren Umgebungsanforderungen sehr den Korallen der Gattung *Lobophyllia*. Sie wächst langsam, ist aber gut haltbar. Extrem nährstoffverarmtes Wasser sagt ihr nicht sehr zu, und sie benötigt eine regelmäßige Versorgung mit feinem, hochwertigem Schwebefutter zur Nachtzeit, wenn die Fangtentakel ausgestreckt sind, z. B. einmal pro Woche. Sie sollte sie in mittelstarker Beleuchtung und Wasserströmung platziert werden.

Mussa angulosa Foto: S. Lema/shutterstock

Fragmentierung

Mussa-Korallen können Sie durch Fragmentierung vermehren, indem Sie einzelne Polypen oder Polypengruppen am zentralen Teil des Skeletts abbrechen und an einem Substratstein befestigen, z. B. mit Unterwasser-Epoxidharz. Dabei sollten Sie aber möglichst keine Polypen durchtrennen, weil diese zugrunde gehen würden.

Mussa angulosa, grüne Farbmorphe

Familie Flabellidae Bourne, 1905

Diese Familie ist für Steinkorallen entwicklungsgeschichtlich sehr alt, denn ihre Fossilien gehen mit 135 Millionen Jahren bis in die frühe Kreidezeit zurück. Sie derzeit (Stand 2022) zehn enthält azooxanthellate Arten mit klein bleibenden Koralliten, etwa *Astrangia*, die allerdings kaum einmal im Aquaristikfachhandel auftauchen. Wenn sie zufällig doch einmal mit einem Brocken Lebendgestein in das Aquarium gelangen, sind sie durch Transport ohne Wasser und durch Lagerung ohne adäquate Ernährung ohnehin nicht überlebensfähig. Der einzige Vertreter dieser Familie, der gelegentlich gezielt für die Aquaristik importiert wird, ist eine groß werdende Art aus der Gattung *Rhizotrochus*, die sich früher in der Familie Rhizangiidae befand.

Gattung *Rhizotrochus*

Die Gattung *Rhizotrochus* enthält nur noch vier Arten: *Rhizotrochus typus, R. flabelliformis, R. levidensis* und *R. tuberculatus; R. crateriformis* und *R. niinoi* wurden zu Mehrfachbeschreibungen von *R. typus* erklärt (Synonym).

Der Gattungsname *Rhizotrochus* geht auf die griechischen Begriffe *rhiza* (Wurzel) und *trochós* (Rad, Scheibe) zurück, steht also für eine scheibenförmige Koralle, die im Untergrund „verwurzelt“ ist. Die Steinkorallenpolypen dieser Gattung leben solitär, sind ausnahmslos azooxanthellat und in allen Weltmeeren verbreitet, von der Nordsee bis in die Antarktis. Sie bilden nie große Populationen, besitzen aber enorme Anpassungsfähigkeit, sodass sie bei Wassertemperaturen von minus 1 °C bis in tropische Temperaturbereiche (ca. 25 °C) und in Tiefen von 0–3.200 m leben können.

Orange und weiße Farbmorphe von *Rhizotrochus typus*

Rhizotrochus typus auf dem Bodengrund des Filtriereraquariums von Pieter van Suijlekom – eine solche Ansammlung dieser extrem seltenen Korallenart dürfte Seltenheitswert haben

Aquaristisch relevant ist bisher nur *Rhizotrochus typus*, dessen Koralliten bis 10 cm Länge erreichen und von Weiß über Gelb und Orange bis zu Rottönen sehr plakative Farben besitzen können. Ihr hauptsächlicher Lebensraum sind Tiefenzonen der Korallenriffe bis in 1.000 m, wo der Konkurrenzdruck durch zooxantellate Weich- und Steinkorallen fehlt. Einigermaßen dichte Ansammlungen findet man mancherorts bereits in 50 m Tiefe, oberhalb davon sind nur gelegentlich Einzelexemplare zu sehen.

Zweimal *Rhizotrochus typus*: Die erste (oben) ist ein degeneriertes Exemplar, kenntlich am veralgten Korallitenrand. Eine solche Koralle sollte im Fachhandel nicht mehr erworben werden, weil sie nur schwer wieder in Bestform zu bringen wäre. Die zweite (unten) befand sich in einem Riffaquarium in Japan und ließ einen völlig gesunden Ansatz des weichen Polypengewebes am Skelett erkennen. Hier würde eine Degeneration des Polypen die ersten sichtbaren Spuren zeigen.

Aquarienpflege

Diese selten zu erwerbende Steinkoralle ist im Aquarium relativ leicht zu pflegen, sofern man die Bedingungen herstellt, die auch andere Steinkorallen erfordern (niedrige Nährstoffkonzentrationen, kein Mikroalgenwuchs, gute mineralische Versorgung, vor allem mit Kalzium und Karbonaten). Die Ernährung ist leicht, erfordert jedoch eine konsequente, wenigstens zweimalige Fütterung pro Tag. Dabei kann jegliches Frostfutter gereicht werden, dessen Partikelgröße aber nicht über wenige Millimeter hinausgehen darf, weil sonst nur oberflächlich anverdaut werden kann. Zusätzlich sollte man unbedingt ein hochwertiges, sehr feines Schwebefutter reichen. Zudem ist es wichtig, sehr abwechslungsreich zu füttern und wenigstens einmal pro Woche die Nahrung mit einer vitaminhaltigen Substanz anzureichern (Multivitaminlösung, Selco o. Ä.).

Auch darf die Temperatur die obere Verträglichkeitsgrenze nicht überschreiten, sondern sollte eher bei 20–23 °C liegen. Die Pflege in einem herkömmlichen tropischen Korallenriffaquarium ist also nicht nur wegen der Fütterung problematisch (z. B. weil Garnelen wie *Lysmata amboinensis* u. a. nach jeder Fütterung die Nahrung stehlen und die Polypen dabei empfindlich belästigen würden), sondern auch wegen der hier meist zu hohen Wassertemperaturen, insbesondere zur Sommerzeit.

Fragmentierung

Über Möglichkeiten zur künstlichen Vermehrung dieser Koralle ist bisher nichts bekannt. *Rhizotrochus typus* taucht im Handel vor allem deshalb kaum auf, weil die Art in den oberen Riffzonen extrem selten vorkommt, und wenn, dann sehr versteckt lebend. In größeren Tiefen ist sie hingegen nur mit großem technischen Aufwand zu sammeln. Im europäischen Aquaristikfachhandel erhält man sie fast nie, in Nordamerika nur gelegentlich. Lediglich in japanischen Aquaristikfachgeschäften ist sie mehr oder weniger regelmäßig zu finden, weil sie dort schon in den 90er-Jahren eine sehr beliebte „Mode-Koralle" war, die allerdings für astronomisch hohe Preise gehandelt wurde.

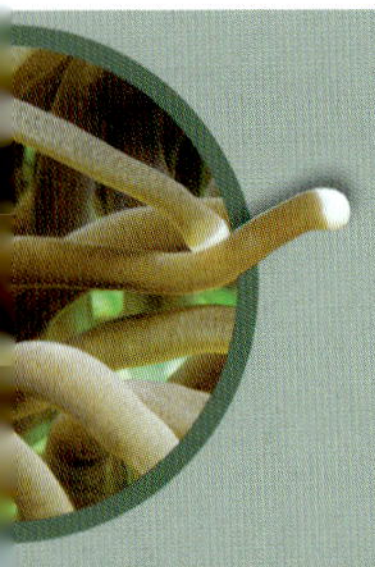

Familie Fungiidae Dana, 1846

Die Familie Fungiidae (Pilzkorallen) enthält derzeit (Stand 2022) 16 Gattungen, die scheibenförmige, runde oder ovale bis längliche Skelette produzieren, sowie eine, die sich noch in der Untersuchung befindet („taxon inquirendum"). Sie sind meist auch als adulte Tiere nicht mit dem Untergrund verbunden; sobald sie sich als Anthocaulus vom Skelett einer ausgewachsenen Koralle ablösen, leben sie solitär und bleiben allein durch ihr Gewicht an Ort und Stelle. Einige Arten trifft man im Riff auch in recht großen Gruppen an. Aquaristisch verbreitete Gattungen sind *Fungia, Cycloseris, Heliofungia, Ctenactis, Halomitra, Polyphyllia.* Gründliche molekulargenetische Untersuchungen führten zu einer umfassenden Revision dieser Familie, in deren Rahmen z. B. fast alle *Fungia*-Arten anderen Gattungen zugeordnet wurden und die Gattung *Diaseris* ganz verschwand (Synonym von *Cycloseris*).

Allerdings sind die Art- und sogar die Gattungsbestimmung vieler Pilzkorallen eine ausgesprochen schwierige Angelegenheit, die nicht nur Spezialisten und sorgfältige Skelettuntersuchungen erfordert, sondern oft auch eine gentechnische Untersuchung. Vor allem am lebenden Tier, dessen Skelett vom Polypengewebe bedeckt ist, gestaltet sich eine Gattungs- bzw. Artbestimmung schwierig, und allein anhand eines Fotos ist sie oft unmöglich. Lediglich bei Gattungen, deren Vertreter sehr typische Gestalt entwickeln und von der runden *Fungia*-Form deutlich abweichen, ist die Zuordnung leicht, z. B. *Ctenactis, Polyphyllia* oder *Halomitra.*

Gattung *Ctenactis*

Die scheibenförmigen Skelette der Gattung *Ctenactis* besitzen Ähnlichkeit mit jenen von *Fungia*-Pilzkorallen, sind jedoch länglich oval und tragen auf den Septen kräftige, sägeartig ausgebildete Zähne. Die drei Arten der Gattung sind leicht voneinander zu unterscheiden: *Ctenactis albitentaculata* besitzt weiße Tentakel, *C. crassa* hat einen länglichen Mundspalt, der über die gesamte Skelettlänge reicht und mehrere Mundöffnungen besitzt, während *C. echinata* einen kürzeren Mundspalt mit nur einer Mundöffnung aufweist. Eine vierte wurde als *Ctenactis triangularis* beschrieben, und sie weist drei oder vier Schenkel auf, besitzt aber sonst große Ähnlichkeit mit *C. crassa* und *C. echinata.* Momentan (Stand 2022) befindet sie sich noch in der Untersuchung („taxon inquirendum").

Ctenactis crassa im Aquarium; dieses knapp 20 cm lange Exemplar wuchs im Riffbecken des Autors schon in den 1990er-Jahren aus einem 8 mm großen Anthocaulus heran

Aquarienpflege

Ctenactis-Arten sind im Aquarium sehr gut haltbar. Das abgebildete Exemplar von *C. crassa* mit einer ungewöhnlich grünen Färbung wuchs im Aquarium von 8 mm Durchmesser auf einen Längsdurchmesser von 19 cm heran. Im natürlichen Lebensraum bevorzugen *Ctenactis*-Arten tiefere, mit Korallengeröll bedeckte Zonen des Riffdachs und Vorsprünge im oberen Bereich der Außenriffwand. Im Aquarium benötigen sie mittelstarke Beleuchtung und Strömung.

Ctenactis crassa im Korallenriff (Philippinen); typisch ist die ausgeprägte Zahnung, die alle drei *Ctenactis*-Arten besitzen

Fragmentierung

Ctenactis-Arten können bei günstigen Umgebungsbedingungen durch einfache Fragmentierung vermehrt werden. Es ist zudem denkbar, dass sich durch eine Skelettfragmentierung ohne Durchtrennen des Polypen eine Teilung induzieren lässt, die auch zur Bildung zweier Polypen führt.

Ctenactis albitentaculata im Korallenriff (Philippinen)

Gattung *Cycloseris*

Die Gattung *Cycloseris* enthält momentan (Stand 2022) 13 gültige Arten. Sie hat in den letzten Jahren einen großen Wandel erlebt, denn zahlreiche ihrer Arten wurden in andere Gattungen gestellt (z. B. *Lithophyllon*) oder zu Synonymen erklärt, während viele ehemalige *Fungia*-Arten neu hinzukamen. Zuvor konnte man sagen, dass *Cycloseris*-Koralliten regelmäßig deutlich kleiner seien als adulte Korallen der Gattung *Fungia*, doch da inzwischen zahlreiche Korallen anderer Gattungen zu *Cycloseris*-Arten wurden, erlaubt die Größe keine sichere Unterscheidung mehr. Auch die kreisrunde Skelettform ist nicht immer anzutreffen. Die sichere Zuordnung zu dieser Gattung bleibt eine Angelegenheit für Spezialisten. Am leichtesten gelingt dies noch bei der aquaristisch recht häufigen, relativ kleinen *Cycloseris tenuis*, die oft auch eine kräftig fluoreszierende Farbpigmentierung besitzt.

Aquarienpflege

Siehe *Fungia*

Fragmentierung

Siehe *Fungia*

Cycloseris tenuis

Cycloseris [=*Diaseris*] *distorta*

Gattung *Danafungia*

Die Gattung *Danafungia* wurde 1966 von WELLS eingerichtet, und sie enthält zwei Arten, die durchaus unter der Bezeichnung „Fungia“ im Aquaristikfachhandel auftauchen können: *Danafungia horrida* und *D. scruposa*, die bis vor Kurzem zur Gattung *Fungia* gestellt wurde. Insgesamt bleiben die Korallen der Gattungen *Fungia*, *Danafungia* und *Diaseris* für den Aquarianer aber ausgesprochen schwer unterscheidbar, weil zur sicheren Bestimmung molekularbiologische Methoden nötig sind.

Aquarienpflege

Siehe *Fungia*

Fragmentierung

Siehe *Fungia*

Danafungia horrida

Gattung *Fungia*

Die Gattung *Fungia* umfasste bis vor einigen Jahren zahlreiche Arten, doch gentechnische Untersuchungen korrigierten viele falsche Zuordnungen, weshalb die meisten Spezies in andere Gattungen gestellt werden mussten, z. B. *Cycloseris, Lithophyllon* oder *Danafungia.* Oft wurde dabei auch der Artname verändert, weil das Artepitheton zum Synonym erklärt wurde (z. B. *Fungia danai* wurde zu *Danafungia horrida*). Derzeit (2022) blieben in der Gattung nur die beiden Arten *Fungia fungites* und *F. puishani* übrig. Letztere ist jedoch nur bei den Seychellen verbreitet und dürfte kaum einmal im Fachhandel auftauchen.

Die Artbestimmung von Pilzkorallen war schon immer ein besonders schwieriges und unsicheres Feld. Allein schon die Tatsache, dass die molekulargenetischen Untersuchungen so zahlreiche und radikale Änderungen in der Gattungszuordnung erbrachten, zeigt, wie unsicher und willkürlich die Bestimmung nach äußeren Merkmalen war.

Eine präzise Artbestimmung bei Pilzkorallen – und unter diesem Namen muss man letztlich zahlreiche Gattungen zusammenfassen – lässt sich neben gentechnischen Methoden nur anhand des Skeletts durchführen, das aber vom Gewebe des Polypen überlagert ist. Darum ist es nicht ganz einfach, *Fungia fungites* sicher von anderen Pilzkorallen abzutrennen.

Ihre Koralliten sind rund, und sie besitzen deutlich hervortretende, radiär angeordnete Septen. Der Polyp hat eine zentrale Mundöffnung, und die Tentakel werden in der Natur vor allem nachts ausgestreckt, im Aquarium hingegen auch oft tagsüber, was mit einem Mangel an

Typischer Lebensraum von Korallen der Familie Fungiidae: Korallengeröllboden in 10–15 m Tiefe mit moderater Lichtstärke bei höheren Kelvinwerten. Gelegentlich findet man riesige Felder, in denen nicht nur *Fungia*-Exemplare anzutreffen sind, sondern auch die meisten anderen Gattungen der Familie Fungiidae.

Schwebenahrung zusammenhängen könnte. All diese Merkmale sind jedoch auch bei den meisten anderen Pilzkorallen zu finden. Die Skelette von *Fungia fungites* sind nicht mit dem Untergrund verbunden. Die Koralle existiert solitär, im Jugendstadium auch kolonial, weil Jungtiere bei der vegetativen Vermehrung in großer Zahl als Anthocauli auf dem Skelett eines Mutterpolypen entstehen und sich dann nach einiger Zeit abtrennen.

Aquarienpflege

Fungia fungites ist im Aquarium gut haltbar, sollte aber vor Kontakt mit stark nesselnden Wirbellosen geschützt werden (auch Kampftentakel berücksichtigen, die von anderen Korallen ggf. nachts ausgestreckt werden!). Im natürlichen Lebensraum bevorzugt sie Vorsprünge im oberen Bereich der Außenriffwand oder tiefer liegende Zonen im Basisbereich von Korallenformationen, die meist mit Korallengeröll bedeckt sind. Im Aquarium sollte sie mittelstarke Beleuchtung und Strömung erhalten und auf dem Bodengrund platziert werden.

Fragmentierung

Fungia fungites kann unter günstigen Bedingungen durch einfache Fragmentierung vermehrt werden, denn aus einem Teilpolypen vermag sich der Gesamtpolyp zu regenerieren. Leichter ist es jedoch, durch Skelettfragmentierung ohne Zertrennen des Polypen eine Teilung auszulösen, die auch zur Bildung zweier Polypen führt.

Im Aquarium wurde nach starken Auslösereizen (z. B. Verletzungen des Polypen oder vorübergehendes Verschütten mit Bodengrund) die Entstehung mehrerer kleiner Tochterpolypen

Fungia fungites im Korallenriff

beobachtet, als Anthocauli bezeichnet. Das ist immer mit dem Untergang des Mutterpolypen verbunden, und allgemein wird angenommen, dass es sich um einen letzten Versuch der Arterhaltung handelt. Denkbar wäre jedoch auch, dass es sich, wie im Kapitel „Natürliche Fortpflanzung von Steinkorallen“ dargelegt, um gezieltes Opfern des Mutterpolypen zugunsten der Erzeugung von Anthocauli handelt. Bei einem solchen Vorgang kann über einen längeren Zeitraum eine ausgesprochen große Zahl an Tochterpolypen entstehen.

Fungia-Steinkorallen und eng verwandte Gattungen sind dazu in der Lage, unter bestimmten Umständen zahlreiche Tochterkoralliten auszubilden, die als Anthocauli bezeichnet werden.

Gattung *Halomitra*

Die scheibenförmigen Skelette der Gattung *Halomitra* besitzen gewisse Ähnlichkeit mit jenen von *Fungia fungites*, sind jedoch größer, und die Korallen weisen zahlreiche kleine Mundöffnungen auf, die über das gesamte Skelett verteilt sind. Die radiär angeordneten Septen laufen zwar mittig aufeinander zu, doch dort befindet sich nicht immer eine Mundöffnung.

Zwei Arten sind bekannt: *Halomitra pileus*, die stark konvexe, bisweilen turmförmig wirkende Skelette erzeugt, und *H. clavator*, die in Farbe und Skelettstruktur der Vorgenannten gleicht, aber flache Skelette bildet.

Halomitra clavator entsteht oft aus einem Fragment, das zur runden, arttypischen Form regeneriert wird. Das führt dazu, dass sich im zentralen Teil des runden Skeletts ein Bereich befindet, in dem die Septen nahezu parallel angeordnet sind, umgeben von radiären Septen.

Aquarienpflege

Halomitra-Arten sind im Aquarium gut haltbar. Im natürlichen Lebensraum bevorzugen sie das Riffdach und Vorsprünge im oberen Bereich der Außenriffwand, im Aquarium benötigen sie mittelstarke bis starke Beleuchtung und Strömung und sollten auf dem Bodengrund platziert werden.

Fragmentierung

Halomitra-Arten können wegen der zahlreichen Mundöffnungen gut durch einfache Fragmentierung vermehrt werden. In meinen Versuchen in einem Korallenfarmprojekt gelang es problemlos, sie zur Regeneration von Fragmenten zu bringen.

Halomitra clavator

Gattung *Heliofungia*

Die Gattung *Heliofungia* enthält zwei Arten: *Heliofungia actiniformis* und *H. fralinae*. Das Skelett ähnelt dem der *Fungia*-Arten sehr, doch durch das Erscheinungsbild des Polypen ist die Unterscheidung leicht. *Heliofungia actiniformis* besitzt zahlreiche dicke Tentakel, deren rundliches Ende meist stark kontrastierend gefärbt ist, oft pink oder weiß, gelegentlich hellbraun. Die Tentakel werden auch tagsüber ausgestreckt und verleihen der Koralle auf den ersten Blick die Gestalt einer Seeanemone (darum das Artepitheton „*actiniformis*").

Interessanterweise trifft man *H. actiniformis* oft mit Partnergarnelen an, z. B. der Gattung *Periclimenes*. *Heliofungia*-Korallen sind solitär und freilebend, also nicht mit dem Untergrund verbunden, und sie bestehen aus nur einem einzigen Koralliten. Im Riff erreichen sie Durchmesser von mehr als 35 cm.

Aquarienpflege

Heliofungia-Korallen sind im Aquarium sehr gut haltbar, brauchen aber viel Platz, weil sie ihr Gewebe bei voller Polypenöffnung weit über das Skelett hinaus ausdehnen. Darum ist es wich-

Heliofungia actiniformis

tig, Abstand zu stark nesselnden Wirbellosen zu halten (auch Kampftentakel berücksichtigen, die von anderen Korallen ggf. nachts ausgestreckt werden!). Im natürlichen Lebensraum bevorzugen diese Tiere Tiefen von 5–15 m, vor allem Vorsprünge im oberen Bereich der Außenriffwand. Im Aquarium benötigen sie mittelstarke Beleuchtung und Strömung und sollten auf dem Bodengrund platziert werden.

Fragmentierung

Heliofungia-Korallen konnten zwar bisher nicht durch einfache Fragmentierung vermehrt werden, im Aquarium wurde jedoch eine spontane Fortpflanzung durch Bildung von Anthocauli beobachtet (Hebbinghaus 2000). Bei Versuchen in einem Korallenfarmprojekt gelang es mir außerdem, durch Skelettfragmentierung ohne Zertrennen des Polypen eine Teilung zu induzieren, die zur Bildung zweier Polypen führte, was unter günstigen Bedingungen auch im Aquarium funktionieren sollte.

Im Aquarium wurde nach Verletzungen des Polypen gelegentlich die Entstehung mehrerer kleiner Tochterpolypen (Anthocauli) registriert. Dies geschieht bisweilen auch im Spätstadium einer Degeneration, wobei allerdings unklar ist, ob es sich möglicherweise um eine gezielte Vermehrung handelt, die das Opfern des Mutterpolypen einschließt und bereits durch kurzzeitige Stressreize (kurzzeitiges Vergraben mit Bodengrund, siehe *Fungia*) ausgelöst werden kann. In diesem Fall wäre der Untergang des Mutterpolypen nicht die Ursache, sondern die Folge.

Partnergarnelen der Gattung *Periclimenes* sind im natürlichen Lebensraum in *Heliofungia actiniformis* beinahe regelmäßig mit einem oder mehreren Exemplaren zu finden, was nahelegt, diese Lebensgemeinschaft auch im Riffaquarium zusammenzustellen

Gattung *Herpolitha*

Die Gattung *Herpolitha* ist monotypisch und enthält nur die Art *H. limax*. Sie bildet lange, flache Solitärkoralliten mit dichtem, schwerem Skelett. Insgesamt besteht bei *Herpolitha* große Ähnlichkeit mit den Korallen der Gattung *Ctenactis*, doch es fehlt die für *Ctenactis* charakteristische Zahnung am Oberrand der Septen.

Bei den meisten Exemplaren ziehen die Septen nicht vom Zentrum bis zum Rand der Koralle, sondern sind kürzer. Jene Exemplare mit längeren Septen, die vom Zentrum bis zum Rand reichen, wurden früher als eigenständige Art betrachtet (*C. weberi*), doch dabei handelt es sich ebenfalls um *C. limax*.

Aquarienpflege

Herpolitha-Korallen sind im Aquarium recht haltbar. Sie sollten auf dem Bodengrund platziert werden, in mittelstarker Beleuchtung und Strömung, weil dies auch ihrer Lebensweise in der Natur entspricht.

Der glatte Oberrand der Septen, der *Herpolitha limax* von der ähnlichen Gattung *Ctenactis* unterscheidet, ist gut zu sehen

Fragmentierung

Über die Möglichkeiten, *Herpolitha*-Korallen durch Fragmentierung zu vermehren, liegen bisher noch keine aquaristischen Erfahrungen vor. Allerdings ist in der Natur eine solche Vermehrungsweise zu beobachten, und damit scheint auch das gelegentliche Auftauchen von Exemplaren zusammenzuhängen, die nicht länglich, sondern Y- oder sogar X-förmig sind, also mehrere Schenkel besitzen.

Herpolitha limax im Aquarium

Gattung *Lithophyllon*

Die Gattung *Lithophyllon* hat erst in den letzten Jahren aquaristische Bedeutung gewonnen, als mehrere *Fungia*-Arten hineingestellt wurden, die auch als „Pilzkorallen“ oder „Fungia“ in den Aquaristikfachhandel gelangen. Momentan (Stand 2022) befinden sich darin sechs gültige Arten, und zwei weitere warten auf ihre Untersuchung („taxon inquirendum“).

Allerdings ist die sichere Zuordnung vieler Korallen zu dieser Gattung außerordentlich schwierig und nur Spezialisten mit Labormethoden möglich. Vor der noch andauernden Revision der Steinkorallen war ein Charakteristikum dieser Gattung das unrunde, unregelmäßig geformte Skelett, doch nachdem auch ehemalige *Fungia*-Arten in diese Gattung gestellt wurden (z. B. *Lithophyllon* [= *Fungia*] *scabra*), ist dies kein verlässliches Merkmal mehr.

Aquarienpflege

Siehe *Fungia*

Fragmentierung

Siehe *Fungia*

Lithophyllon undulatum im Aquarium

Gattung *Polyphyllia*

Die Gattung *Polyphyllia* enthält die beiden Arten *P. talpina* und *P. novaehiberniae*. Die Skelette sind dicht, schwer und normalerweise bumerangförmig. Gelegentlich sieht man bei *P. talpina* aber auch T-, Y- oder X-förmige Exemplare, was möglicherweise in einem Bezug zur vegetativen Vermehrung steht, wenngleich dafür noch keine wissenschaftlichen Belege vorliegen.

Diese beiden Spezies besitzen nicht die hervorstehenden, radiär angeordneten Septen, die bei den meisten Arten der Familie Fungiidae zu finden sind. Die gesamte Koralle ist von dünnen, ca. 20 mm langen, meist braunen Tentakeln bedeckt, deren Spitze weiß kontrastierend gefärbt ist. Sie sind auch tagsüber ausgestreckt. Eine Mundöffnung ist in dem hellbraunen Polypengewebe nicht zu erkennen.

Polyphyllia talpina

Polyphyllia talpina, Unterseite

Aquarienpflege

Polyphyllia-Arten sind im Aquarium hervorragend haltbar. Allerdings sollte direkter Kontakt mit stark nesselnden Wirbellosen vermieden werden, denn wenn es bei dieser sehr schwach nesselnden Koralle durch die Nesselkraft anderer, besonders aggressiver Korallen zur Gewebeverletzung kommt, dann ist diese oft nicht mehr zu stoppen und führt innerhalb von zwei oder drei Wochen zum Verlust der gesamten Koralle.

Im natürlichen Lebensraum bevorzugen *Polyphyllia*-Arten das Riffdach und Vorsprünge im oberen Bereich der Außenriffwand, im Aquarium sollten Beleuchtung und Strömung von mittlerer Stärke sein.

Fragmentierung

Ob *Polyphyllia*-Arten aquaristisch durch einfache Fragmentierung vermehrt werden können, ist nicht bekannt. Es ist aber anzunehmen, dass dies in der Natur geschieht und mit dem erwähnten Auftreten von Exemplaren mit Y- oder X-Form zusammenhängt.

Familie Lobophylliidae Dai & Horng, 2009

Die Familie Lobophylliidae ist noch sehr jung und wurde erst vor etwas mehr als einem Jahrzehnt eingerichtet. Grundlage dafür waren umfassende molekulargenetische Untersuchungen, die sich mit unterschiedlichen Familien befassten und Unstimmigkeiten in der Gattungszuordnung nachwiesen. Vor allem aus den Familien Mussidae und Faviidae wurden Gattungen entnommen und in dieser neuen Familie zusammengestellt, aber auch aus weiteren, z. B. den Pectiniidae (nicht zu verwechseln mit Pectinidae, einer Familie der Muscheln (Bivalvia), in der sich z. B. die Jakobsmuscheln der Gattung *Pecten* befinden).

Insgesamt umfasst die Familie gegenwärtig 13 Gattungen, darunter mehrere aquaristisch relevante: *Acanthastrea, Acanthophyllia, Australophyllia, Cynarina, Echinophyllia, Lobophyllia, Micromussa, Moseleya* und *Oxypora.*

Gattung *Acanthastrea*

Die Gattung *Acanthastrea* hat sich durch molekulargenetische Untersuchungen radikal verändert. Nur sieben der zuvor 22 *Acanthastrea*-Arten verblieben darin (plus eine weitere im Status „taxon inquirendum"). Und sie alle befinden sich nun nicht mehr in der Familie Mussidae, sondern zählen mit einer Ausnahme (*Dipsastraea favaiformes*: Merulinidae) zu den Lobophylliidae.

Insgesamt wurden drei *Acanthastrea*-Arten zur Gattung *Micromussa* gestellt, zwei zu *Lobophyllia*, zwei weitere zu *Homophyllia* und jeweils eine zu *Sclerophyllia* und zu *Dipsastraea*. Weitere fünf *Acanthastrea*-Arten (*A. angulosa, A. gran-*

Gelegentlich findet man *Acanthastrea-echinata*-Korallen, die vollständig grün fluoreszieren. Dieser Effekt lässt sich durch Blaustrahlung noch deutlich steigern.

dis, A. hillae, A. hirsuta und *A. spinosa*) erwiesen sich als Mehrfachbeschreibungen und wurden zu Synonymen der jeweils erstbeschriebenen Art erklärt.

Damit hat diese Gattung die ehemalige aquaristische Bedeutung verloren, denn die darin verbliebenen Arten sind wenig farbkräftig. Die aquaristisch außerordentlich beliebte *A. lordhowensis* ist nach neuesten Erkenntnissen *Micromussa lordhowensis*, und die großpolypige *A. ishigakiensis* (benannt nach der japanischen Insel Ishigaki) wird nun als *Lobophyllia ishigakiensis* geführt.

Aquarienpflege

Acanthastrea-Korallen sind im Aquarium genügsam, wenig anspruchsvoll und wollen Beleuchtung und Strömung nicht zu stark. *Acanthastrea echinata* dürfte von allen Arten die beliebteste sein, vor allem, wenn sie farblich stark kontrastierende, fluoreszierende Mundscheiben besitzt oder sogar auf der gesamten Oberfläche Fluoreszenzeffekte aufweist.

Fragmentierung

Acanthastrea-Steinkorallen können problemlos durch Fragmentierung vermehrt werden, vorausgesetzt, sie sind im Aquarium eingewöhnt und entwickeln sich gut. Am besten lassen sich Korallitengruppen mit einer speziellen Bandsäge abtrennen, deren zahnloses Sägeblatt mit Diamantsplittern bestückt ist. Ersatzweise eignen sich eine fein gezahnte Eisensäge oder – unter gewissem Selbstverletzungsrisiko (Arbeitshandschuhe und Schutzbrille tragen!) – ein Multifunktionswerkzeug mit kleiner Trennscheibe. Die so gewonnenen Fragmente werden auf neues Substrat aufgeklebt.

Acanthastrea echinata besitzt auf den Septen lange Zähne, was allerdings nur am Skelett zu sehen ist. Farbmorphen mit grün fluoreszierender Mundscheibe der Polypen sind besonders beliebt.

Gattung *Acanthophyllia*

Blick in das Verkaufsaquarium eines Fachhändlers mit fünf *Acanthophyllia-deshayesiana*-Exemplaren

Die Gattung *Acanthophyllia* ist monotypisch und enthält nur die Art *A. deshayesiana*. Diese Koralle vermag ihr Weichgewebe mit Umgebungswasser zu füllen und dadurch extrem aufzublähen. Auf diese Weise wird nicht nur die Fläche vergrößert, die für Symbiosealgen zur Verfügung steht

Acanthophyllia deshayesiana, grüne Farbmorphe

und der Lichtstrahlung ausgesetzt werden kann, sondern auch die Körperoberfläche, die mithilfe von Schleimsekreten feinste Schwebenahrung fängt.

Diese Art besitzt meist eine Radiärstreifung; die Grundfarbe ist Braun, doch sehr oft sind rote oder grüne Farbelemente vorhanden, entweder als Streifen oder sogar als dominante Farbe, die das Braun der Symbiosealgen überlagert. Tagsüber ist das Gewebe im Basisbereich aufgebläht, nachts öffnet sich ein Tentakelkranz, um tierisches Plankton zu fangen.

Nachts streckt *Acanthophyllia deshayesiana* die Tentakel zum Planktonfang aus

Aquarienpflege

Acanthophyllia deshayesiana ist pflegeleicht und robust, sofern die passenden Aquarienbedingungen geboten werden. Das gilt vor allem für die mineralische Versorgung (Kalzium, Karbonate) und den pH-Wert. Zu hohe Konzentrationen an Nährstoffen (Nitrat, Phosphat) sind unbedingt zu vermeiden. Wenigstens ein- bis zweimal wöchentlich sollte Schwebefutter gereicht werden, und zwar möglichst nachts, wenn diese Koralle ihre Tentakel ausstreckt.

Acanthophyllia deshayesiana ohne volle Gewebeexpansion

Fragmentierung

Von *A. deshayesiana* ist bisher nicht bekannt, ob sie sich durch Fragmentation vermehren lässt, wenngleich dies nicht auszuschließen ist, sofern die Pflegebedingungen wirklich optimal sind. Am ehesten dürfte dies durch eine Trennung des Koralliten ohne gleichzeitige Trennung des Polypengewebes gelingen, um durch Zug auf das Weichgewebe eine Teilung auszulösen.

Acanthophyllia deshayesiana, rote Farbmorphe

Gattung *Australophyllia*

Australophyllia ist eine 2016 neu eingerichtete Gattung, die für die ehemalige *Symphyllia wilsoni* geschaffen wurde. Diese Koralle lässt zwischen den Koralliten, die oft leicht mäandrieren, die schmale Längsfuge erkennen, die für die frühere Gattung *Symphyllia* namensgebend und charakteristisch war. Ihre Koralliten können solitär sein oder mäandrieren und besitzen mitunter fantastische Farbkombinationen mit Rot, Gelb, Blau und Grün. Solche Korallen sind begehrt und werden sehr teuer gehandelt.

Aquarienpflege

Im Aquarium ist *A. wilsoni* ähnlich anspruchslos wie z. B. *Lobophyllia*-Arten. Moderate bis mittelstarke Strömung und Beleuchtung sind empfehlenswert, gelegentliche Versorgung mit feinem Frostfutter (z. B. Zyklops) ist sinnvoll, z. B. einmal pro Woche. Problematisch ist vor allem die Pflege unter stark erhöhten Nährstoffkonzentrationen, weil dann das Polypengewebe im Basisbereich degeneriert und sich rasch Fadenalgen ansiedeln, die das Polypengewebe weiter zurückdrängen.

Fragmentierung

Australophyllia wilsoni lässt sich problemlos fragmentieren, wenn es gelingt, sie zwischen den Koralliten zu trennen, ohne die Polypen zu verletzen. Einzelkorallit oder Korallitengruppen werden dann auf neues Substrat geklebt.

Bei den seltenen Morphen mit extrem bunten Farbkombinationen könnte es aber durchaus sinnvoll sein, auch Experimente mit dem Fragmentieren von Einzelpolypen durchzuführen, um sie für die Aquaristik in größerer Zahl zu produzieren. Im Vorfeld wären allerdings entsprechende Versuche mit unauffälliger gefärbten Exemplaren ratsam, und Voraussetzung wären natürlich gutes Wachstum der Koralle und optimale Pflegebedingungen.

Australophyllia [= Symphyllia] wilsoni

Gattung *Cynarina*

Die Gattung *Cynarina* enthielt mit der Tränenkoralle *C. lacrymalis* früher nur eine Art, doch nach molekulargenetischen Untersuchungen wurde die frühere *Indophyllia macassarensis* hinzugesellt, die nun *Cynarina macassarensis* heißt. Das Skelett dieser monozentrischen Polypen (d. h., sie besitzen nur eine Mundöffnung) ist massiv und schwer, weil sie meist solitär leben und nicht am Untergrund befestigt sind, sondern durch das Gewicht an Ort und Stelle gehalten werden.

Die Korallitenwand wird durch die verdickten Septen gebildet. Einige davon stehen weit hervor (Primärsepten). Das Polypengewebe über diesen Primärsepten ist bei *C. macassarensis* bräunlich oder rot, bei *C. lacrymalis* aber stark transparent, sodass man die Septen mit ihrer ausgeprägten Zahnung am Oberrand erkennen kann. Dieses an eine Träne erinnernde Gewebe war namensgebend für diese Art (lat. *lacrima* = Träne).

Aquarienpflege

Beide *Cynarina*-Arten wachsen ausgesprochen langsam, sind im Aquarium aber sehr gut haltbar. Allerdings werden sie von Bohralgen bedroht, die bei höheren Nährstoffkonzentrationen und degenerierendem Polypengewebe in frei werdende Skelettanteile eindringen und sie mürbe und brüchig machen.

Nachts werden die Tentakel zum Planktonfang ausgestreckt, und Frostfutter einmal wöchentlich ist wichtig, um die Polypen gesund zu erhalten. In der Natur leben diese Korallen an strömungsgeschützten Stellen der Riffe, vor allem im Sandsubstrat, in dem meist der untere Teil ihres Skeletts steckt. Im Aquarium sollten sie in mittelstarker Beleuchtung und Wasserströmung platziert werden, möglichst auf dem Bodengrund.

Cynarina [= *Indophyllia*] *macassarensis*

Fragmentierung

Über die Fragmentation von *Cynarina*-Korallen liegen keine gesicherten Erkenntnisse vor. Allerdings ist anzunehmen, dass sich mit viel Vorsicht und geeignetem Werkzeug von unten her eine Trennung des Koralliten durchführen lässt, ohne das vitale Polypengewebe zu verletzen, was unter günstigen Pflegebedingungen bei vielen Steinkorallengattungen die Teilung des Polypen auslösen kann („induzierte Longitudinalfission").

Cynarina lacrymalis

Cynarina lacrymalis mit voller Geweberetraktion

Gattung *Echinophyllia*

Echinophyllia aspera, rote Farbmorphe, aquariengewachsene Koralle

Die Gattung *Echinophyllia*, die sich früher in der Familie Pectiniidae befand und nach molekulargenetischen Untersuchungen nun zu den Lobophylliidae gestellt werden musste, umfasst aktuell elf gültige Arten. Sie wachsen krustenförmig oder laminar und besitzen große Koralliten, die in unregelmäßig weitem Abstand stehen. Diese Koralliten besitzen flache Wände und sind oft leicht schräg geneigt.

Die Vertreter der Gattung besitzen außerordentlich große Ähnlichkeit mit einigen Korallen der Gattung *Echinopora*, die im Aquaristikhandel recht oft auftauchen, vor allem *Echinopora lamellosa*. Ein leicht zu erkennender Unterschied liegt in den pickelförmigen Erhebungen zwischen den Koralliten, die sich bei *Echinopora* in sehr regelmäßigen, dicht und parallel liegenden Reihen befinden und beinahe einheitlich groß sind. Bei *Echinophyllia* sind zwar ähnliche Erhebungen zu sehen, die jedoch in Größe und Lokalisation stark variieren und weitaus weniger dicht sind.

Aquarienpflege

Echinophyllia-Arten bilden im Aquarium oft trichter- oder schüsselförmige Stöcke von 30 und mehr Zentimetern Durchmesser. Zwar gehören sie nicht zu den robustesten Steinkorallenarten, doch einmal eingewöhnt, sind sie gut zu halten und sehr wuchsfreudig. Sie benötigen mittelstarke bis starke Beleuchtung und Strömung.

Fragmentierung

Echinophyllia-Arten können leicht durch Fragmentierung vermehrt werden, indem vom Substrat abstehende Lamellen abgebrochen und mit Unterwasser-Epoxidharz auf neues Gestein geklebt werden. Sie sollten allerdings darauf achten, dass der Mutterstock eingewöhnt ist und gutes Wachstum zeigt. Auch sollten die Fragmente

Echinophyllia aspera, rote Farbmorphe

nicht zu klein sein; ein Stück mit 2–3 cm Kantenlänge hat nur geringe Überlebenschancen.

Vorsicht bei *E. aspera*, denn sie bricht meist an anderer Stelle als geplant. Es hilft, die gewollte Bruchlinie mit der Trennscheibe eines Multifunktionswerkzeugs vorher tief einzuritzen.

Echinophyllia echinoporoides, grüne Farbmorphe

Gattung *Homophyllia*

Die Gattung *Homophyllia* enthält gegenwärtig (Stand 2022) zwei Arten: *Homophyllia australis* und *H. bowerbanki*. Im Rahmen der jüngsten Revision der Steinkorallensystematik wurden beide aus anderen Gattungen hierher gestellt: *Homophyllia australis* war zuvor *Scolymia australis*, und *H. bowerbanki* kannte man als *Acanthastrea bowerbanki*.

Homophyllia [= *Scolymia*] *australis* ist bekannt für absolut faszinierende Farbkombinationen mit z. T. kräftiger Rot- oder Grünfluoreszenz. Ebenso bekannt ist sie allerdings auch für hohe oder höchste Kaufpreise im Aquaristikfachhandel. Charakteristisch sind die solitäre Lebensweise und das hohe Gewicht der sehr dichten Kalkskelette. Die Unterscheidung von der ebenfalls solitär lebenden *Cynarina lacrymalis* aus derselben Familie fällt leicht, denn *H. australis* besitzt ein etwas flacheres Skelett, und die tränenartigen Gewebeauftreibungen fehlen. Zudem ist die Färbung von *H. australis*, die meist kräftige Rottöne enthält, sehr charakteristisch.

Homophyllia [= *Acanthastrea*] *bowerbanki* erinnert zunächst an das typische Erscheinungsbild der Gattung *Acanthastrea*. Hier zeigen sich auch die Grenzen der Artbestimmung anhand der Polypenmorphologie, also des Blicks auf die sichtbaren Merkmale einer Koralle, denn für die Unterscheidung dieser Art von einigen anderen, sehr ähnlich gebauten Korallengattungen sind Skelettmorphologie und auch Genetik unverzichtbar. Eine aquaristische Bestimmung einer Koralle als *Homophyllia bowerbanki* kann also eine relativ schwammige Angelegenheit sein. Allein durch den Blick auf die lebende Koralle oder ihr Foto z. B. ist sie von manch einer *Lobophyllia* bzw. *Micromussa* schwer abzugrenzen.

Aquarienpflege

Die beiden *Homophyllia*-Arten sind im Riffaquarium unter mittelstarken Beleuchtungs- und Strömungsbedingungen gut zu etablieren, und eine nächtliche Schwebefütterung einmal pro Woche wirkt sich sehr positiv aus.

Fragmentierung

Homophyllia bowerbanki ist ebenso durch Fragmentation zu vermehren wie *Micromussa lordhowensis*. Am besten lässt sich das Skelett

Bei zurückgezogenem Polypengewebe zeigt *Homophyllia* [= *Scolymia*] *australis* die typischen, zahnartigen Skelettfortsätze, die auf dem zentralen Teil der Septen sitzen. Sie ermöglichen eine Unterscheidung von der sehr ähnlich wirkenden, aber viel kleineren *Micromussa pacifica*, deren Septenränder glatt sind.

Homophyllia [= *Acanthastrea*] *bowerbanki*

Homophyllia [=*Scolymia*] *australis*

mit einem Multifunktionswerkzeug mit kleiner Trennscheibe schneiden. Vorsicht: Selbstverletzung vermeiden! Bei *Homophyllia australis* mit dem solitären, dichten Skelett ist die Sache nicht ganz so einfach. Hier sollte es allerdings bei einer gut etablierten Koralle ebenso möglich sein, das Skelett von unten her mit geeignetem Werkzeug in zwei Teile zu trennen, ohne den vitalen Polypen ebenfalls zu teilen. Leichter Zug der beiden Skelettteile auf das Polypengewebe könnte dann seine Teilung induzieren.

Experimentell könnte auch das vollständige Durchtrennen des gesamten Polypen mitsamt seinem Skelett versucht werden, denn bei vielen anderen Gattungen wurde dies schon oft erfolgreich praktiziert, gefolgt von der Regeneration fehlender Anteile.

Homophyllia bowerbanki entwickelt zahlreiche unterschiedliche Farbmorphen

Gattung *Lobophyllia*

Lobophyllia [= *Australomussa*] *rowleyensis*

Die Gattung *Lobophyllia* enthält gegenwärtig 20 Arten, die phaceloid bis flabello-meandroid wachsen und meist halbkugelige Formen ausbilden. Einige Spezies wurden neu in diese Familie gestellt, z. B. die ehemalige *Acanthastrea ishigakiensis*. Ebenfalls in diese Gattung überführt wurden frühere *Symphyllia*-Vertreter, deren Gattung zum Synonym von *Lobophyllia* erklärt wurde, z. B. *Lobophyllia recta*.

Ähnlich verhält es sich mit *Australomussa rowleyensis*, denn sie wurde zu *Lobophyllia rowleyensis*. Dabei handelt es sich um eine inkrustierend und laminar wachsende Koralle, die zunächst das Steinsubstrat überzieht und am Rand schließlich blattförmig ins Freie wächst. Sie hat mittelgroße Koralliten, die teilweise einzeln stehen, oft aber auch miteinander verbunden sind und reihenförmige Korallitengruppen bilden, die stets parallel zum Rand der Koralle angeordnet sind. Das im Bild gezeigte Exemplar ist kräftig grün. In Südostasien sind daneben auch rote und gelbe Farbmorphen zu finden, im Nordwesten Australiens hingegen sind sie eher blaugrau.

Die im Fachhandel häufigste *Lobophyllia*-Art ist *L. hemprichii*. Dabei handelt es sich meist um kleine Fragmente eines großen, halbkugeligen Korallenstocks, die im Zentrum auseinandergebrochen wurden. In größeren *L.-hemprichii*-Stöcken entstehen vor allem phaceloide Koralliten, klein, rundlich oder bestenfalls oval, und nicht die langen, mäandrierenden Koralliten, die wir bei jungen, kleinen Korallenstöcken dieser Art

Nachts strecken *Lobophyllia*-Stöcke gern ihre Tentakel zum Planktonfang aus. Daher sollten sie dann regelmäßig Schwebefutter bekommen, z. B. Frost-Zyklops

Lobophyllia [= *Symphyllia*] *agaricia* im Aquarium

Lobophyllia [= *Symphyllia*] *recta*, kleiner, junger Korallenstock

Flabello-meandroider Wuchs (oben: längliche, mäandrierende Korallitenform bei einem jungen, kleineren Korallenstock) im Vergleich mit phaceloidem Wuchs (unten: kleine, rundliche oder ovale Koralliten)

Lobophyllia [= *Symphyllia*] *agaricia*, zweifarbige Morphe

Lobophyllia [= *Symphyllia*] *recta*, älterer, größerer Korallenstock

Lobophyllia [= *Scolymia*] *vitiensis*

sehen. Das liegt daran, dass zwei neue Koralliten, die aus einer Polypenteilung innerhalb der adulten, halbkugelförmigen Koralle neu entstehen, allseitig von anderen Koralliten umgeben sind und der Raum für das Verbreitern fehlt. Anders ist dies bei einer jungen, kleinen Koralle, bei der die Koralliten zum Basisbereich hin in die Länge wachsen und mäandrieren können. Im Aquarium erzeugen die vergleichsweise kleinen Korallenstöcke vor allem die länglichen, mäandrierenden Koralliten.

Aquarienpflege

Lobophyllia-Arten gehören im Aquarium zu den relativ langsam wachsenden Korallen, sind aber sehr gut haltbar. Allerdings werden sie in Becken mit hohen Nährstoffkonzentrationen leicht von Bohralgen befallen, die in das Skelett eindringen und es mürbe und brüchig machen. Die Tentakel, die meist weiße Spitzen haben, werden nachts zum Planktonfang ausgestreckt, und eine Versorgung mit Frostfutter einmal wöchentlich hilft, die Polypen gesund zu erhalten. Ihr natürlicher Lebensraum ist der obere Teil des Riffhangs, wo sie Stellen bevorzugen, die vor starker Strömung geschützt sind. Im Aquarium sollten sie in mittelstarker Beleuchtung und Wasserströmung platziert werden, am besten im Bodengrundbereich.

Fragmentierung

Lobophyllia-Arten können durch Fragmentierung vermehrt werden. Dazu werden einzelne Polypen oder Polypengruppen am zentralen Teil des Skeletts abgebrochen und z. B. mit Unterwasser-Epoxidharz an einem Substratstein befestigt. Dabei dürfen die Koralliten allerdings nicht beschädigt werden, was vor allem dann schwierig ist, wenn das Skelett von Bohralgen bereits geschwächt ist. Darum sollten Sie möglichst nicht versuchen, das Skelett mit den Händen zu brechen, weil man dabei die Bruchstelle dem Zufall überlassen und noch dazu das Polypengewebe an das scharfkantige Skelett drücken und schädigen würde. Besser ist es, eine fein gezahnte Eisensäge oder einen „Mini-Trennschleifer" eines Multifunktionswerkzeugs zu verwenden.

Gattung *Micromussa*

Die Gattung *Micromussa* enthält gegenwärtig sechs Arten. Von den ursprünglichen drei Arten befindet sich jedoch nur noch eine darin: *Micromussa amakusensis*. *Micromussa minuta* wurde in die Gattung *Acanthastrea* gestellt, *Micromussa diminuta* in die Gattung *Goniopora*. Beide waren zuvor als *Micromussa*-Arten beschrieben worden, weil ihre ähnliche Skelettmorphologie eine enge Verwandtschaft vermuten ließ. Das war jedoch ein Irrtum, und das zeigt, wie umfassend die jüngste Revision der Steinkorallen auf der Basis von molekulargenetischen Untersuchungen war bzw. ist.

Die aquaristische Bedeutung dieser Gattung wäre weit geringer, wenn man nicht ausgerechnet die extrem beliebte, in Färbung und Musterung sehr variable frühere *Acanthastrea lordhowensis* hierher gestellt hätte. Die einzelnen Koralliten sind oft rund, bisweilen aber auch vieleckig, weil sie dicht gedrängt stehen. Sie sind monozentrisch, haben also jeweils nur eine Mundöffnung. Ihre Form ist cerioid bis subplocoid, und die gesamte Koralle wächst inkrustierend bis massiv, kann also regelrecht halbkugelige Form entwickeln, aber auch vorhandenes Substrat mit einer dünnen Polypenschicht überziehen.

Eine weitere aquaristische Attraktion dürfte die erst im Jahr 2016 wissenschaftlich beschriebene *Micromussa pacifica* sein, die Solitärpolypen bildet. Färbung und Musterung sind sehr variabel, was sie bisweilen ausgesprochen attraktiv erscheinen lässt, und ihr dichtes, schweres Skelett erinnert sehr an die frühere *Scolymia australis*, die inzwischen in die Gattung *Homophyllia*

Micromussa lordhowensis entwickelt zahlreiche, sehr unterschiedliche Farbmorphen

Typische Färbung von *Micromussa* [= *Acanthastrea*] *lordhowensis*

Micromussa pacifica bildet meist Einzelkoralliten, kann jedoch auch mehrere zusammenhängende Koralliten produzieren

gestellt wurde, ebenfalls in der Familie Lobophylliidae. Allerdings sind die Koralliten von *M. pacifica* deutlich kleiner als die von *H. australis* und wirken wie eine regelrechte Miniaturausgabe.

Aquarienpflege

Aus dieser Gattung dürfte vor allem *Micromussa* [= *Acanthastrea*] *lordhowensis* in den Aquarienhandel gelangen, denn diese Koralle ist in den vergangenen Jahren außerordentlich beliebt geworden, allerdings noch unter dem Gattungsnamen *Acanthastrea*. Die wissenschaftlich neu beschriebene *M. pacifica* stammt von der westaustralischen Küste und ist in Europa sehr selten im Fachhandel zu finden.

In der Natur ist *M. lordhowensis* nicht besonders häufig, und zudem sind nicht alle Exemplare so farbkräftig und bunt gemustert wie die meist teuer gehandelten „Sahnestückchen“. Die hübsch gemusterte *M. lordhowensis* ist in der Natur eher rar, und die meisten dieser Korallen sind dort eher unauffällig gefärbt. In der Aquaristik ist dieses Verhältnis jedoch genau umgekehrt, und das liegt daran, dass man beim Sammeln im Riff gezielt Exemplare mit spektakulärer Färbung sucht.

Ihr natürlicher Lebensraum sind mäßig stark beleuchtete Flachwasserzonen. Im Aquarium lieben diese Korallen mittelstarke Beleuchtung und Wasserströmung, im Zweifelsfall anfangs eher weniger Licht. Eine regelmäßige nächtliche Schwebefuttergabe ist sehr wichtig.

Fragmentierung

Inzwischen werden Naturentnahmen von *M. lordhowensis* mit besonders schöner Farbzeichnung in kleine Polypengruppen zerteilt und für bisweilen sehr hohe Preise gehandelt. Unter günstigen Aquarienbedingungen wachsen sie zu größeren Beständen heran, wenngleich sie kein rasantes Wachstum entwickeln.

Diese Koralle kann problemlos durch Fragmentierung vermehrt werden, vorausgesetzt, sie ist im Aquarium eingewöhnt und entwickelt sich gut. Dazu trennt man einzelne Gruppen mehrerer Koralliten (nicht zu wenige!) mithilfe eines Multifunktionswerkzeugs mit kleiner Trennscheibe voneinander ab (Vorsicht: Selbstverletzung vermeiden!). Besser geeignet ist eine spezielle Bandsäge für Korallen, deren Sägeblatt anstatt einer Zahnung einen Diamantsplitterbesatz aufweist. Notfalls reicht aber auch eine Metallsäge mit fein gezahntem Sägeblatt. Doch wann immer möglich, sollten Sie zwischen den Einzelkoralliten schneiden, denn angeschnittene Koralliten sterben in der Regel ab. Die Fragmente werden mit Unterwasser-Epoxidharz an einem Substratstein befestigt.

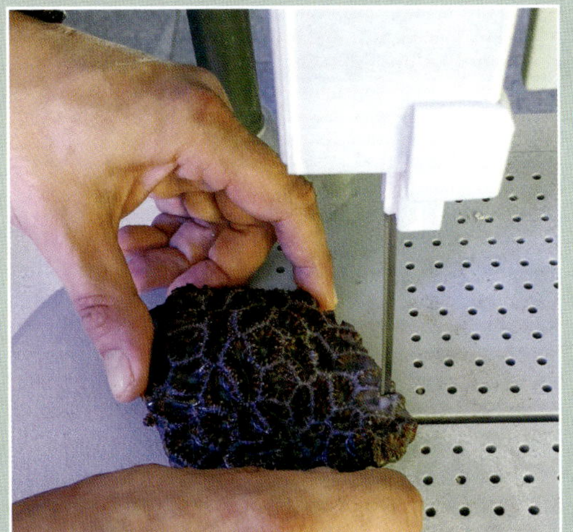

Korallenvermehrung durch „Kaiserschnitt": Andreas Kaiser demonstriert das Fragmentieren eines *Micromussa*-Stocks mit einer speziellen Korallen-Bandsäge: Der erste Schnitt trennt einen mehrere Zentimeter breiten Streifen ab, der anschließend durch quer liegende Schnitte in einzelne Fragmente zerteilt wird. So gut es möglich ist, schneidet man dabei zwischen den Koralliten. Nach dem prophylaktischen Jodbad wird das Fragment auf künstliches Substrat aufgeklebt.

Gattung *Moseleya*

Die Gattung *Moseleya* ist monotypisch, enthält also nur eine Art: *Moseleya latistellata*. Sie wurde im Rahmen der jüngsten Revision der Steinkorallentaxonomie allerdings aus der Familie Faviidae zu den Lobophylliidae gestellt. Das Erscheinungsbild dieser Koralle ist sehr typisch: Große, schüsselförmig konkave Koralliten mit vieleckiger Kontur stehen dicht beieinander, und sie teilen sich die Korallitenwände, sodass man im Skelett nur die Septen im Innern der Koralliten sieht. Die sonst an der Korallitenwand außen vorhandenen Costae als Fortsetzung der Septen fehlen. Die Korallen entwickeln eine halbkugelige Form, und die Färbung ist graubraun, wird aber manchmal durch kräftig grüne Fluoreszenz überlagert.

Aquarienpflege

Moseleya latistellata bevorzugt mäßig beleuchtete Zonen mit moderater Wasserströmung und sollte darum im Aquarium nicht zu hell stehen und vor sehr turbulenter Strömung geschützt werden. Unter passenden Bedingungen kann sie sich aber gut etablieren und ist anspruchslos. Sie sollte regelmäßig (z. B. einmal pro Woche) mit hochwertiger Schwebenahrung gefüttert wird. Das sollte vor allem nachts geschehen, wenn die Koralle ihre Tentakel zum Nahrungsfang ausstreckt. Hier eignet sich sehr feines Frostfutter (Zyklops, Plankton) ebenso wie künstliches Schwebefutter.

Moseleya latistellata

Fragmentierung

Über die vegetative Vermehrung von *Moseleya* liegen keine Erfahrungen vor, doch nichts spricht dagegen, dass sie als gut eingewöhnte Koralle, die sich unter den jeweiligen Aquarienbedingungen etabliert hat, auch durch Fragmentation zu vermehren ist (z. B. mit einer Bandsäge mit speziellem Sägeblatt für Korallen). Allerdings sollten die Fragmente jeweils mehrere Koralliten besitzen, was beim maximalen Korallitendurchmesser von 35 mm einen recht großen Korallenstock erfordert, und Sie sollten versuchen, stets zwischen den Koralliten zu sägen.

Gattung *Oxypora*

Die Gattung *Oxypora* umfasst fünf gültige Arten, von denen einige sehr große Ähnlichkeit mit *Echinophyllia*-Vertretern haben. Auch sie wachsen krustenförmig oder laminar, und die Koralliten sind ähnlich groß. Allerdings sind sie flacher als bei *Echinophyllia*, und die pickelförmigen Skeletterhebungen sind länger und spitzer, sie erinnern fast an kleine Dorne.

Aquarienpflege

Oxypora-Arten wachsen lamellös und bilden im Aquarium je nach Lichteinfall platten-, trichter- oder schüsselförmige Stöcke mit relativ schnellem Wuchs. Benachbarte Korallen werden dann bedrängt und durch Nesselgifte geschädigt. Insgesamt ähnelt *Oxypora* in der Aquarienpflege sehr der Gattung *Echinophyllia*.

Fragmentierung

Diese Koralle ist leicht durch Fragmentation zu vermehren. Am besten lässt sich das Skelett mit einem Multifunktionswerkzeug mit kleiner Trennscheibe schneiden. Vorsicht: Selbstverletzung vermeiden! Fragmentation und Substratmontage wie bei der Gattung *Echinophyllia*.

Oxypora lacera

Oxypora lacera ähnelt sehr *Echinophyllia echinoporoides*, besitzt jedoch längere und spitzere Fortsätze am Skelett

Familie Merulinidae Verrill, 1866

Die Familie Merulinidae ist durch die jüngste Revision der Steinkorallensystematik dramatisch angewachsen, denn sie erhielt Gattungen aus anderen Familien zugeschlagen, z. B. Faviidae oder Pectiniidae. Insgesamt 24 befinden sich derzeit (2022) darin.

Aquaristisch waren die Merulinidae bisher eigentlich nur durch *Merulina* und *Hydnophora* interessant, doch nun kommen im Aquarium sehr verbreitete Gattungen wie *Caulastraea*, *Echinopora*, *Favites*, *Mycedium*, *Pectinia* oder *Trachyphyllia* hinzu, neben zahlreichen weiteren, die aquaristisch weniger Bedeutung haben (z. B. *Goniastrea*, *Leptoria*, *Platygyra*). Hinzu kommt möglicherweise künftig auch die Gattung *Catalaphyllia*, was auf eine Empfehlung von J. Rowlett zurückgeht.

Gattung *Caulastraea*

Caulastraea-Arten sind leicht durch Fragmentierung zu vermehren – ein Blick in Jürgen Wendels *Caulastraea-echinulata*-Nachzuchtbecken

Die Gattung *Caulastraea* – meist falsch „*Caulastrea*" geschrieben – umfasst derzeit (2022) nur noch zwei Arten, deren Skelette phaceloid wachsen, sowie zwei weitere im Status „taxon inquirendum". Die Koralliten besitzen Durchmesser zwischen 10 und 25 mm. Tagsüber sieht man selten Tentakel, denn diese werden in der Regel nur nachts zum Planktonfang ausgestreckt. Die meist braun gefärbten Polypen haben normalerweise nur eine Mundöffnung. Lediglich bei der

Caulastraea furcata

Caulastraea echinulata mit starker Grünfluoreszenz taucht inzwischen durch vegetative Vermehrung oft im aquaristischen Fachhandel auf und ist sehr beliebt. Ihre starke Vermehrung erfordert jedoch ein nährstoffreiches Milieu.

Teilung des Polypen, der im weiteren Wachstum eine Gabelung und Verdopplung des Koralliten folgt, sind im Zentrum der Mundscheibe zwei Mundöffnungen vorhanden. Aquaristisch taucht meist *C. furcata* auf, aus vegetativer Vermehrung inzwischen auch oft die stark grün fluoreszierende *C. echinulata*.

Aquarienpflege

Caulastraea-Arten sind im Aquarium hervorragend haltbar und nicht sonderlich empfindlich gegenüber leicht erhöhten Nährstoffkonzentrationen. Am besten gedeihen sie, wenn sie mit Korallenfischen gepflegt werden, weil sie von deren Ausscheidungen profitieren. Sie benötigen mittelstarke bis starke Beleuchtung und Strömung.

Fragmentierung

Caulastraea-Arten können leicht durch Fragmentierung vermehrt werden, wenn die einzelnen Polypen dabei nicht verletzt bzw. ihre Koralliten nicht beschädigt werden. Dazu sollte das Skelett nur direkt am zentralen Teil des Stocks gebrochen werden, an dem die einzelnen Koralliten miteinander verbunden sind. Möglichst so fragmentieren, dass kleine Korallitengruppen bestehen bleiben. Vorsicht, aquariengewachsene *Caulastraea*-Koralliten sind im Basisbereich bisweilen extrem fragil und zerbrechen dann oft leichter als Naturentnahmen.

Caulastraea-Arten – hier *C. echinulata* – können bei starkem Wachstum leicht durch Fragmentation vermehrt werden. Die Teilstücke wachsen unter günstigen Aquarienbedingungen rasch zu neuen, großen Stöcken heran.

Gattung *Dipsastraea*

Die Gattung *Dipsastraea* ist sehr alt, spielte bisher aquaristisch jedoch so gut wie keine Rolle. Durch die gegenwärtige Revision der Steinkorallen aufgrund der Ergebnisse molekulargenetischer Untersuchungen hat sich das allerdings gründlich geändert, denn zahlreiche *Favia*-Arten wurden hierher gestellt, z. B. die ehemaligen *F. speciosa*, *F. marshae*, *F. favus*, *F. helianthoides* und viele andere, die nun allesamt *Dipsastraea*-Arten sind. Insgesamt befinden sich in dieser Gattung derzeit (Stand 2022) 24 gültige Arten.

Aquarienpflege

Dipsastraea-Arten wachsen langsam. Sie sind nicht unproblematisch, aber durchaus gut haltbar. Die regelmäßige, z. B. wöchentliche Versorgung mit Frostfutter (z. B. Zyklops) und feinem Schwebefutter zur Nachtzeit, wenn die Tentakel zum Planktonfang ausgestreckt sind, ist für ihre Entwicklung sehr förderlich. Im natürlichen Lebensraum bevorzugen diese Korallen den oberen Riffhang, bisweilen auch Lagunen, und im Aquarium benötigen sie mittelstarke Beleuchtung und Strömung. Am besten platziert man sie im Bodengrundbereich.

Dipsastraea [= Favia] speciosa

Fragmentierung

Dipsastraea-Korallen können durch Fragmentierung vermehrt werden, doch dabei verletzte Polypen sterben ab. Darum sollten Sie ein solches Fragment, das Sie z. B. mit einer Lochsäge an einer Bohrmaschine gewinnen können, recht groß machen. Mit Unterwasser-Epoxidharz wird es auf neues Substrat geklebt.

Dipsastraea [= Favia] marshae

Dipsastraea [= Favia] favus

Dipsastraea [= Favia] helianthoides

Gattung *Echinopora*

Die Gattung *Echinopora* enthält 13 Arten, die massiv, arboreszent oder laminar wachsen, oft auch eine Mischung dieser Wuchsformen entwickeln. Drei weitere Spezies befinden sich im Rahmen der Steinkorallenrevision derzeit noch im Untersuchungsstadium („taxon inquirendum"). Die laminar wachsenden *E. pacificus* und *E. lamellosa* haben auf den ersten Blick recht große Ähnlichkeit mit Korallen der Gattung *Echinophyllia* (z. B. *Echinophyllia aspera*), unterscheiden sich von diesen jedoch deutlich durch die reihenförmig angeordneten, kugelförmigen Auftreibungen im Coenosteum. Die einzige Art, die ziemlich regelmäßig im Aquaristikfachhandel anzutreffen ist, dürfte *E. lamellosa* sein.

Echinopora lamellosa überwuchert ein riesiges *Hydnophora-rigida*-Feld (Philippinen)

Echinopora lamellosa, die Nahaufnahme zeigt die perlenähnlich aufgereihten, kugelförmigen Auftreibungen, die eine Unterscheidung von den recht ähnlichen *Echinophyllia*-Arten ermöglichen (z. B. *Echinophyllia aspera*)

Echinopora pacificus (Indonesien)

Echinopora lamellosa (Indonesien)

Aquarienpflege

Echinopora-Arten gehören zu den im Aquarium schnellwüchsigen Steinkorallen, die gut haltbar sind. Die laminar wachsende *E. lamellosa* wächst recht schnell zu einem teller- bzw. schüsselförmigen Stock heran, der Korallen unter sich abschattet. Im Riff bevorzugen die Tiere strömungsgeschützte Zonen im Flachwasser, im Aquarium brauchen sie starke Beleuchtung und mittelstarke Wasserströmung.

Echinopora lamellosa im Aquarium

Fragmentierung

Echinopora-Arten können problemlos durch Fragmentierung vermehrt werden. Allerdings sollte ein Fragment immer eine größere Anzahl von Koralliten bzw. Polypen besitzen, also nicht zu klein sein. Fragmente von weniger als 5 x 5 cm Größe haben meist schlechte Überlebenschancen.

Echinopora lamellosa lässt sich hervorragend durch Fragmentierung vermehren. Hier erkennt man im Zentrum die Struktur des ursprünglichen Fragments, während diese in der neu gebildeten Skelettsubstanz zum Rand hin läuft.

Gattung *Favites*

Favites abdita

Die Gattung *Favites* enthält derzeit 20 Arten, die alle cerioid wachsen, zwei weitere sind noch im Untersuchungsstadium („taxon inquirendum"). Veron teilte die Gattung im Jahr 2000 nach ihrem Korallitendurchmesser in vier Gruppen ein, und obgleich sie aus der Familie Faviidae zu den Merulinidae gestellt wurde, ist es sinnvoll, diese Gruppeneinteilung beizubehalten: unter 6 mm (Gruppe 1), 6–10 mm (Gruppe 2), 10–13 mm (Gruppe 3) und über 13 mm (Gruppe 4).

Die Wuchsform der Gattung ist massiv; es entstehen flache, halbkugelige oder turmförmige Stöcke. Die Korallitenstuktur ähnelt sehr jener der Gattung *Favia*, doch diese beiden Gattungen lassen sich anhand eines deutlichen Merkmals voneinander unterscheiden: *Favites*-Koralliten besitzen gemeinsame Wände, zwischen denen kein Coenosteum erkennbar ist. *Favia*-Koralliten hingegen haben jeweils eine eigene Korallitenwand, und zwischen den Koralliten ist im Skelett eine schmale Coenosteum-Fläche zu erkennen (plocoider Wuchs), oder zumindest kann man die Trennung zwischen den Gewebeanteilen der einzelnen Polypen ausmachen. Dieser Unterschied ist in der Regel auch am lebenden Polypengewebe zu sehen.

Aquarienpflege

Favites-Arten gehören im Aquarium nicht zu den schnellwüchsigen Steinkorallen und sind auch nicht unproblematisch, aber durchaus haltbar. Vorsicht bei hohen Nährstoffkonzentrationen und vor allem Fadenalgenbefall, aber auch bei Cyanobakterienplagen. Eine Versorgung mit Frostfutter (z. B. Zyklops) zur Nachtzeit etwa einmal pro Woche ist sehr förderlich. Im natürlichen Lebensraum bevorzugen die Tiere den oberen Riffhang und sind bisweilen auch in der Lagune anzutreffen. Im Aquarium benötigen sie mittelstarke Beleuchtung und Strömung.

Favites halicora

Fragmentierung

Favites-Arten können durch Fragmentierung vermehrt werden, doch sollte ein Fragment möglichst groß sein, weil verletzte Polypen in der Regel zugrunde gehen. Man kann entweder ein Stück abtrennen (mit einer feingezahnten Eisensäge oder einer speziellen Bandsäge für Korallen), oder mit einem Lochsägeaufsatz an einer Bohrmaschine ein kreisrundes Stück heraustrennen. Das Loch in der Spenderkoralle sollte dann geschlossen werden (z. B. mit Unterwasser-Epoxidharz oder Schmelzkleberperlen), damit es von neuen Polypen überwachsen werden kann.

Favites abdita aus vegetativer Vermehrung, mit stark expandiertem Polypengewebe

Gattung *Goniastrea*

Die Gattung *Goniastrea* enthält derzeit (Stand 2022) neun lebende Arten (plus zwei weitere im Status „taxon inquirendum"), die zwei Wuchsformen entwickeln: cerioid mit monozentrischen Polypen (eine Mundöffnung pro Korallit) und meandroid mit polyzentrischen Polypen (mehrere Mundöffnungen pro Korallit). Die Arten wurden von Veron (2000) nach Größe und Form ihrer Koralliten in drei Gruppen eingeteilt: monozentrische Koralliten unter 5 mm (Gruppe 1), monozentrische Koralliten über 5 mm (Gruppe 2) und polyzentrische Koralliten mit meandroider Form (Gruppe 3). Allerdings wurden bei der gegenwärtigen Revision der Steinkorallen die meisten polyzentrischen Gruppe-3-Arten (z. B. *Goniastrea australensis*) in andere Gattungen (z. B. *Paragoniastrea*) gestellt.

Die Skelette wachsen massiv; es entstehen halbkugelige Korallenstöcke oder Platten. Die Korallitenstuktur vieler *Goniastrea*-Arten ähnelt sehr jener der Gattung *Favites*, auch hier besitzen benachbarte Koralliten gemeinsame Wände, und zwischen den Koralliten ist kein Coenosteum erkennbar.

Aquarienpflege

Goniastrea-Arten gehören im Riff zu den robustesten Steinkorallen und leben auch in der Gezeitenzone, oft dort, wo wegen des regelmäßigen Trockenfallens kaum andere Arten existieren können. Im Aquarium wachsen sie langsam, sind aber durchaus haltbar. Eine Versorgung mit feinem Schwebefutter (z. B. Zyklops) zur Nachtzeit ist hilfreich, um sie gesund zu erhalten. Im natürlichen Lebensraum bevorzugen sie flache Riffhabitate wie Riffdach, Lagune oder Gezeitenzone, und im Aquarium benötigen sie starke Beleuchtung und Strömung.

Fragmentierung

Cerioid wachsende *Goniastrea*-Arten können durch Fragmentierung vermehrt werden, etwa mit einer fein gezahnten Eisensäge. Bei meandroid wachsenden *Goniastrea*-Arten ist es schwierig, das Skelett so zu trennen, dass im Fragment mehrere unbeschädigte Koralliten bzw. unverletzte Polypen enthalten sind – verletzte Polypen aber gehen in der Regel zugrunde. Deshalb sollte ein Fragment sehr groß sein, was bei einem aquariengehaltenen Stock in der Regel kaum möglich sein dürfte.

Goniastrea pectinata (Gruppe 3)

Goniastrea edwardsi (Gruppe 1) hat monozentrische Polypen (eine Mundöffnung pro Korallit)

Gattung *Hydnophora*

Hydnophora pilosa im Aquarium

Die Gattung *Hydnophora* enthält gegenwärtig (2022) neben zwei im Untersuchungsstadium befindlichen („taxon inquirendum") sechs gültige Arten, die hauptsächlich säulenförmig bis arboreszent wachsen, ihre Wuchsform aber besonders stark den jeweiligen Lichtbedingungen anpassen: Im Flachwasser bilden sie verästelte Stöcke mit bisweilen sehr großer Ausdehnung, im tieferen Wasser wachsen sie eher lamellenförmig.

Aquarienpflege

Die aquaristisch am weitesten verbreitete Art ist *H. pilosa*, gefolgt von *H. exesa*. *Hydnophora*-Vertreter können nicht in jedem Riffaquarium etabliert werden, denn mit manchen Korallenarten scheinen sie sich nicht zu vertragen. Sind sie aber einmal eingewöhnt, wachsen sie schnell und bilden am Stock Zuwachs, dessen Form von den jeweiligen Lichtbedingungen abhängt (s. o.).

Versetzt man einen aquariengewachsenen Stock innerhalb des Riffbeckens in eine andere Beleuchtungszone, kann dies zu Problemen und teilweise zum Absterben jener Polypen führen, die plötzlich zu wenig Licht erhalten. Trotzdem sind *Hydnophora*-Arten im Riffbecken prinzipiell gut haltbar. Ihr natürlicher Lebensraum sind Zonen im Flachwasser, die vor starker Strömung geschützt sind. Im Aquarium sollten sie in mittelstarker bis starker Beleuchtung und mittlerer Wasserströmung platziert werden. Dabei ist vor allem auf größeren Abstand zu anderen Steinkorallen zu achten, denn *Hydnophora*-Arten können nachts Acontia von erstaunlicher Länge austreten lassen und sind gegen benachbarte Korallen hochaggressiv.

Hydnophora pilosa kann sehr aggressiv sein, indem sie mit Acontia benachbarte Korallen schwer schädigt oder wie hier das Gehäuse eines überkletternden Einsiedlerkrebses attackiert

Fragmentierung

Hydnophora-Arten lassen sich durch Fragmentierung vermehren. Allerdings sollte die Fragmentgröße auch der Größe ihrer Polypen gerecht werden. Stücke von weniger als 5 cm Größe haben nur geringe Überlebenschancen. Wichtig ist, dass sich im Fragment möglichst viele unversehrte Polypen befinden.

Hydnophora exesa im Aquarium

Gattung *Merulina*

Die Gattung *Merulina* enthält gegenwärtig (2022) neben zwei im Untersuchungsstadium befindlichen („taxon inquirendum") sechs gültige Arten. Sie wachsen laminar und bilden in der Natur oft metergroße Stöcke mit dachziegelähnlich angelegten Lamellen, meist bräunlich oder grünlich.

Merulina ampliata im Korallenriff (Philippinen)

Aquarienpflege

Merulina-Arten entwickeln im Aquarium mittleres Wachstumstempo, gehören also nicht zu den rasant wachsenden Korallen wie beispielsweise einige *Montipora*-Arten mit laminarer Wuchsform. Trotzdem sind sie im Riffbecken sehr gut haltbar. Ihr natürlicher Lebensraum sind der obere Riffhang und Lagunen. Im Aquarium sollten sie in mittelstarker bis starker Beleuchtung und Wasserströmung platziert werden.

Merulina scrabicula im Korallenriff (Philippinen)

Fragmentierung

Merulina-Arten können durch Fragmentierung vermehrt werden. Allerdings reagieren sie recht empfindlich auf Verletzungen der Polypen, was erfordert, dass man relativ große Skelettstücke bricht. Fragmente von weniger als 3 x 3 cm Größe haben nur geringe Überlebenschancen. Wichtig ist, dass sich im Fragment möglichst viele unversehrte Polypen befinden. Zudem sind die Skelette deutlich massiver und schwerer als z. B. bei *Montipora*-Korallen mit ähnlicher Wuchsform. Hier ist entsprechendes Werkzeug nötig, z. B. eine fein gezahnte Eisensäge.

Merulina ampliata im Aquarium

Gattung *Mycedium*

Fünf Farbmorphen von *Mycedium elephantotus*

Die Gattung *Mycedium* umfasst derzeit (2022) sechs gültige Arten (plus eine weitere im Status „taxon inquirendum"). Sie wachsen laminar, und typisch für diese Gattung sind die leicht hervorstehenden Koralliten, die zum Außenrand des Stocks geneigt sind. Aquaristisch relevant ist nur *Mycedium elephantotus*, eine Art, die in mehreren Farbmorphen anzutreffen ist. Diese Spezies ist besonders interessant, weil an ihr die Symbiose von Steinkorallen mit der endolithischen Alge *Ostreobium queckettii* nachgewiesen wurde (SCHLICHTER et al. 1995, 1997, 2008), die in ihrem Skelett leben kann.

Aquarienpflege

Mycedium-Arten wachsen im Aquarium gut, reagieren aber empfindlich auf hohe Phosphat- und Nitratwerte des Aquarienwassers sowie Fadenalgen und Cyanobakterien, die damit meist einhergehen. Sie benötigen mittelstarke Beleuchtung und Strömung.

Fragmentierung

Mycedium-Arten können bedingt durch Fragmentierung vermehrt werden. Ein zu kleines Stück von weniger als 5 x 5 cm Größe mit einer geringen Zahl an Koralliten hätte kaum Überlebenschancen. Allerdings ist wegen des sehr dicken, festen Skeletts unbedingt geeignetes Werkzeug erforderlich, z. B. eine fein gezahnte Eisensäge.

Gattung *Pectinia*

Die Gattung *Pectinia* umfasst derzeit (Stand 2022) zehn gültige Arten. Die aquaristisch recht bekannte *Pectinia ayleni* befindet sich allerdings nicht mehr darunter, denn sie wurde in die Gattung *Physophyllia* gestellt, ebenfalls in der inzwischen sehr groß gewordenen Familie Merulinidae.

Pectinia-Korallen wachsen laminar und entwickeln oft senkrechte Fortsätze, die wie Äste wirken können, sich aber nicht verzweigen. Typisch für diese Gattung sind die seitlichen Wände des Skeletts, die steil aufgerichtet sind und talähnliche Vertiefungen erzeugen. Die Polypen sind groß und befinden sich in diesen „Tälern".

Aquarienpflege

Pectinia-Arten wachsen im Aquarium gut, reagieren aber empfindlich auf hohe Phosphat- und Nitratwerte des Aquarienwassers sowie Fadenalgen oder Cyanobakterien, die diese meist zur Folge haben. Sie benötigen mittelstarke Beleuchtung und Strömung.

Pectinia paeonia

Pectinia lactuca

Pectinia maxima

Fragmentierung

Pectinia-Arten durch Fragmentierung zu vermehren ist nicht leicht, weil recht große Teilstücke abgetrennt werden müssen. Ein wenige Zentimeter großes Teilstück des Skeletts hat keine Überlebenschance, weil es keine vollständigen Polypen besitzt, sondern nur Teile davon, die aber starke Gewebeverletzungen davongetragen haben. Wegen des kräftigen und harten Skeletts ist unbedingt eine geeignetes Werkzeug erforderlich, z. B. eine fein gezahnte Eisensäge oder ein Multifunktionswerkzeug mit Trennscheibe (Vorsicht, Selbstverletzung vermeiden!).

Pectinia alcicornis

Gattung *Platygyra*

Platygyra acuta (Gruppe 2) im Aquarium

Platygyra lamellina (Gruppe 2)

Platygyra sinensis (Gruppe 2)

Die Gattung *Platygyra* enthält neben einer im Untersuchungsstadium („taxon inquirendum") elf gültige Arten, die nach ihrer Korallitenform in zwei Gruppen eingeteilt sind: Arten, deren Polypen rundlich oder bestenfalls leicht verlängert sind (Gruppe 1), und Spezies, deren Polypen meandroid wachsen und lange, grabenartige Vertiefungen bilden (Gruppe 2). Die Skelette wachsen massiv; es entstehen Platten oder halbkugelige Korallenstöcke, die im Lauf der Zeit regelrechte Turmform ausbilden können. Die Korallitenstruktur vieler *Platygyra*-Arten ähnelt sehr jener der Gattung *Goniastrea*, mit der sie oft verwechselt werden.

Aquarienpflege

Platygyra-Arten wachsen im Aquarium nur langsam, sind aber unter günstigen Bedingungen (niedrige Nährstoffkonzentrationen) durchaus gut haltbar. Eine nächtliche Versorgung mit Frostfutter (z. B. Zyklops) oder feinem künstlichen Schwebefutter etwa einmal wöchentlich ist sehr ratsam. Im natürlichen Lebensraum bevorzugen sie flache Riffzonen, vor allem im Innenriff, und im Aquarium brauchen sie starke Beleuchtung und kräftige Wasserströmung.

Fragmentierung

Cerioid wachsende Vertreter können durch Fragmentierung vermehrt werden, doch die dabei verletzten Polypen gehen in der Regel zugrunde, weshalb die Fragmente recht groß sein sollten. Bei meandroid wachsenden Arten ist es schwierig, das Skelett so zu trennen, dass im Fragment mehrere unverletzte Polypen bzw. unbeschädigte Koralliten enthalten sind. Darum sollte auch hier ein solches Fragment nicht zu klein sein. Bei großen, massiven Korallen kann man mit einer Lochsäge vorgehen und ein kreisrundes Stück heraustrennen, das anschließend an der Mutterkoralle mit Zement oder Unterwasser-Epoxidharz ersetzt werden soll.

Platygyra daedalea (Gruppe 2) im Korallenriff (Philippinen)

Gattung *Physophyllia*

Die Gattung *Physophyllia* enthält nur die Art *P. ayleni*, die lange Zeit hindurch als *Pectinia*-Art angesehen wurde und mit den übrigen *Pectinia*-Arten große Ähnlichkeit hat. Aquaristisch dürfte diese Unterscheidung jedoch nebensächlich sein, denn es ist im Verkaufsbecken eines Fach- oder Großhändlers nicht leicht, unter *Pectinia*-Korallen eine *Physophyllia ayleni* als solche zu erkennen. Noch schwieriger wird die Identifizierung bei aquariengewachsenen Korallen, weil die Anpassung an Umgebungsfaktoren wie Beleuchtung und Strömung sich sehr auf die Wuchsform auswirken kann.

Physophyllia [= *Pectinia*] *ayleni*

Aquarienpflege

siehe *Pectinia*

Fragmentierung

siehe *Pectinia*

Gattung *Trachyphyllia*

Die Gattung *Trachyphyllia*, die in der Vergangenheit in der eigenständigen Familie Trachyphylliidae geführt wurde, stellte man im Rahmen molekulargenetischer Untersuchungen in die Familie Merulinidae. Sie ist monotypisch, enthält also nur eine einzige Art: *Trachyphyllia geoffroyi*. Sie wächst flabello-meandroid und hat meist eine grünliche Färbung, die gelegentlich auch in eine gelbe, braune oder bläuliche Tönung übergeht. Diese Korallenart bildet im Meer große, halbkugelige Stöcke, die nicht am Substrat festgewachsen sind, sondern sich frei auf dem Sandboden

Trachyphyllia geoffroyi, rote Farbmorphe

befinden. Was im aquaristischen Fachhandel auftaucht, sind herausgebrochene Einzelkoralliten einer solchen Halbkugel, die unter günstigen Aquarienbedingungen im Lauf mehrerer Jahre wieder zur natürlichen Halbkugelform heranwachsen können.

Aquarienpflege

Trachyphyllia geoffroyi wächst zwar langsam, gehört im Riffaquarium aber zu den sehr haltbaren Steinkorallen. Allerdings wird sie von Bohralgen bedroht, die bei hohen Nährstoffkonzentrationen in das Skelett eindringen, es mürbe und brüchig machen. Unter diesen Bedingungen ist das Wachstum meist extrem verlangsamt bzw. bereits zum Stillstand gekommen.

Die Tentakel werden nachts zum Planktonfang ausgestreckt, und Frostfutter oder feines Schwebefutter einmal wöchentlich helfen, die Polypen gesund zu erhalten. Der natürliche Lebensraum der Art sind strömungsgeschützte Zonen in Küstennähe oder im Innenriff, oft auch in größerer Tiefe am Riffhang, meist mit relativ trübem Wasser. Im Aquarium sollten die Tiere in mittelstarker Beleuchtung und gemäßigter Wasserströmung im Bodengrundbereich platziert werden.

Wichtig ist, dass das Aquarium frei von Fadenalgen ist. Hohe Nährstoffkonzentrationen, die Fadenalgenplagen in der Regel zugrunde liegen, lassen das Wachstum dieser Korallen stagnieren, und frei werdende Skelettstellen werden dann schnell von *Derbesia* und anderen Fadenalgen besiedelt.

Fragmentierung

Trachyphyllia geoffroyi kann nur dann durch Fragmentierung vermehrt werden, wenn der Stock aus mehreren Einzelpolypen besteht. Auch die Durchtrennung des Koralliten, die nach Thiel (1998) eine Spontanteilung des Polypen auslösen soll, sollte nicht mit einer

Trachyphyllia geoffroyi, grüne Farbmorphe mit starker Fluoreszenz

Verletzung des Polypen einhergehen, wenngleich Jürgen Wendel bei anderen großpolypigen Steinkorallen-Gattungen durchaus schon Erfolge mit der Fragmentation eines Einzelkoralliten hatte (z. B. *Catalaphyllia*). Darüber hinaus setzt die Fragmentierung natürlich optimale Aquarienbedingungen, einen guten Ernährungszustand und erkennbares Wachstum der Koralle voraus. Prinzipiell sollten Steinkorallen stets nur dann fragmentiert werden, wenn sie sich erkennbar gut entwickeln.

Wenn *Trachyphyllia geoffroyi* sich im Aquarium wohl fühlt, wird das Gewebe des Polypen meist kräftig aufgepumpt, um die Oberfläche zu vergrößern

Gelegentlich werden auch größere Koralliten von *Trachyphyllia geoffroyi* im Aquaristikfachhandel angeboten

Familie Plerogyridae Rowlett, 2020

Die Familie Plerogyridae wurde im Rahmen der molekulargenetischen Untersuchungen neu eingerichtet und enthält neben *Blastomussa* jene Gattungen, die in der Aquaristik allgemein als Blasenkorallen bezeichnet werden: *Nemenzophyllia*, *Physogyra* und *Plerogyra*. Zuvor befanden sie sich in der Familie Euphylliidae.

Gattung *Blastomussa*

Die Gattung *Blastomussa* befand sich früher in der Familie Mussidae. Bei der gegenwärtigen Revision auf der Basis molekulargenetischer Untersuchungen wurde diese Zugehörigkeit widerlegt, und sie wurde in die neu geschaffene Familie Plerogyridae gestellt.

Sie enthält fünf Arten, die phaceloid bis subplocoid wachsen. Im Aquaristikhandel ist vor allem *B. wellsi* anzutreffen. *Blastomussa merleti* besitzt Korallitendurchmesser bis 7 mm, *B. wellsi* bis 9–14 mm. In der Farbzeichnung können sich diese beiden Arten jedoch sehr ähneln, und auch die Polypenform allein ermöglicht keine Unterscheidung. Das Gewebe der Polypen ist so fleischig und dick, dass oft eine geschlossene Polypendecke die Skelettstruktur vollständig verbirgt.

Aquarienpflege

Blastomussa-Arten wachsen im Aquarium relativ langsam, aber stetig, zudem sind sie anspruchslos und sehr gut haltbar. Die Tentakel werden nachts zum Planktonfang ausgestreckt, und eine Versorgung mit feinem Frostfutter (z. B. Zyklops) einmal wöchentlich hilft, die fleischigen Polypen gesund zu erhalten. Ihr natürlicher Lebensraum sind tiefere Zonen am Riffhang, die vor starker Strömung geschützt sind.

Im Aquarium sollten sie in mittelstarker Beleuchtung und Wasserströmung platziert werden. Meist fühlen sie sich auch im Bodenbereich des Aquariums wohl, wenn sie nicht von anderen Korallen abgeschattet werden.

Blastomussa merleti

Blastomussa wellsi (links) und *B. vivida* (rechts)

Fragmentierung

Blastomussa-Arten können sehr leicht durch Fragmentierung vermehrt werden. Dazu werden einzelne Polypengruppen am zentralen Teil des Skelettes abgebrochen. Oft geschieht dies ungewollt spontan beim Hantieren mit der Koralle. Einzelne Koralliten oder -gruppen werden mit Unterwasser-Epoxidharz an einem Substratstein befestigt.

Blastomussa wellsi

Gattung *Nemenzophyllia*

Die Gattung *Nemenzophyllia*, die den philippinischen Meeresbiologen und Korallentaxonomen Francisco Nemenzo Sr. ehrt, befand sich bisher in der Familie Euphylliidae und wurde in die neu geschaffene Familie Plerogyridae gestellt. Sie ist monotypisch, enthält also nur eine Art: *Nemenzophyllia turbida*. Diese besitzt äußerlich größte Ähnlichkeit mit *Plerogyra discus*, die erst im Jahr 2000 von VERON & FENNER beschrieben wurde. Nur anhand von Skelettmerkmalen sind diese beiden Korallen voneinander zu unterscheiden. Das vitale Polypengewebe ermöglicht keine sichere Bestimmung: Die Blasen im Weichgewebe des Polypen sind bei *N. turbida* etwas kleiner als bei *Plerogyra discus*, ansonsten wirkt das Gewebe aber identisch.

Aquarienpflege

Nemenzophyllia ist ausgesprochen robust, pflegeleicht und anspruchslos. Lediglich Schmier- und Fadenalgenplagen nimmt sie übel, und natürlich sind die üblichen Voraussetzungen zu schaffen, die für alle zooxanthellaten Steinkorallen gelten: ausreichende mineralische Versorgung und niedrige Nährstoffkonzentrationen im Wasser. Mittelstarke bis starke Beleuchtung und gemäßigte Wasserströmung sind ideal für diese Tiere.

Fragmentierung

Nemenzophyllia turbida kann relativ leicht durch Fragmentierung vermehrt werden, sofern man dabei die Einzelkoralliten nicht verletzt. Meist geschieht das Fragmentieren jedoch schon beim Export oder im Handel, sodass man nur einzelne Koralliten oder Gruppen aus 2–3 Koralliten erwerben kann, die man nicht weiter teilen sollte.

Nemenzophyllia turbida

Gattung *Physogyra*

Physogyra lichtensteini im Korallenriff

Die Gattung *Physogyra*, die sich zuvor in der Familie Euphylliidae befand, wurde mit den anderen Blasenkorallen in die neu geschaffene Familie Plerogyridae gestellt. Sie enthält die beiden Arten *P. exerta* und *P. lichtensteini*. Letztere wächst wächst an sich massiv, kann aber auch dicke Krusten ins Freiwasser schieben, die vom festen Steinsubstrat abstehen. Die *Physogyra*-Polypen treiben in ihrem Gewebe ähnliche Blasen auf wie *Plerogyra sinuosa* und *P. simplex*, sodass sich diese drei Korallen zum Verwechseln ähnlich sehen können, solange das Skelett von den Polypen vollständig verdeckt wird.

Eine sichere Unterscheidung ist jedoch anhand des Skeletts möglich: *Plerogyra simplex* wächst phaceloid und verzweigt die röhrenförmigen Einzelkoralliten Y-förmig, *Plerogyra sinuosa* wächst flabello-meandroid, sodass mäandernde, längliche Koralliten nebeneinander stehen, ohne sich direkt zu berühren. Nur an der Basis sind sie miteinander verbunden. *Physogyra* hingegen erzeugt ein meandroides Skelett, bei dem die einzelnen, länglichen Koralliten miteinander quasi zu einer Fläche verbunden sind.

Aquarienpflege

Physogyra ist ebenso robust und anspruchslos wie die *Plerogyra*-Arten und unter den gleichen Bedingungen gut zu pflegen. Sie wächst langsam, aber stetig, und die regelmäßige nächtliche Schwebefütterung wirkt sich sehr positiv aus.

Fragmentierung

Physogyra lichtensteini kann durch Fragmentierung vermehrt werden, doch muss das Trennen vorsichtig und unter Berücksichtigung des Verlaufs einzelner Koralliten geschehen, denn verletzte Polypen verenden. Am besten eignet sich hierzu ein „Mini-Trennschleifer" eines Multifunktionswerkzeugs, denn damit können Trennstellen präzise bestimmt werden.

Physogyra lichtensteini im Aquarium

Gattung *Plerogyra*

Die Gattung *Plerogyra* ist namensgebend für die neu geschaffene Familie Plerogyridae, und alle mit ihr eng verwandten Steinkorallengattungen wurden mit ihr hineingestellt (was bei *Blastomussa* sicher etwas überraschte).

Die Gattung *Plerogyra* enthält gegenwärtig sieben Arten, die phaceloid oder flabello-meandroid wachsen und halbkugelige Stöcke mit sehr typischem Erscheinungsbild ausbilden. Die Arten sind recht gut voneinander zu unterscheiden, doch *Plerogyra simplex* besitzt bei geöffneten Polypen gewisse Ähnlichkeit mit *Physogyra lichtensteini*. Das augenfälligste Merkmal sind die blasenförmigen Auftreibungen des Gewebes, die sich im deutschen Namen „Blasenkoralle“ widerspiegeln. Allerdings werden die Unterschiede am Skelettwachstum deutlich, wenn die Polypen sich zurückgezogen haben.

Plerogyra discus sieht der Koralle *Nemenzophyllia turbida* zum Verwechseln ähnlich und lässt sich von dieser nur durch eine Skelettuntersuchung unterscheiden.

Aquarienpflege

Plerogyra-Arten gehörten zu den ersten Steinkorallen, die in den späten 1970er- und den 1980er-Jahren im Meeresaquarium am Leben erhalten werden konnten. Das lag auch hier an der Robustheit dieser Korallen, denn ein echtes Skelettwachstum war seinerzeit nur selten zu verzeichnen, und irgendwann begannen die Stöcke abzusterben. Mit anderen Worten: Sie verendeten einfach nur langsamer als die meisten anderen Steinkorallen.

Plerogyra discus

Plerogyra sinuosa

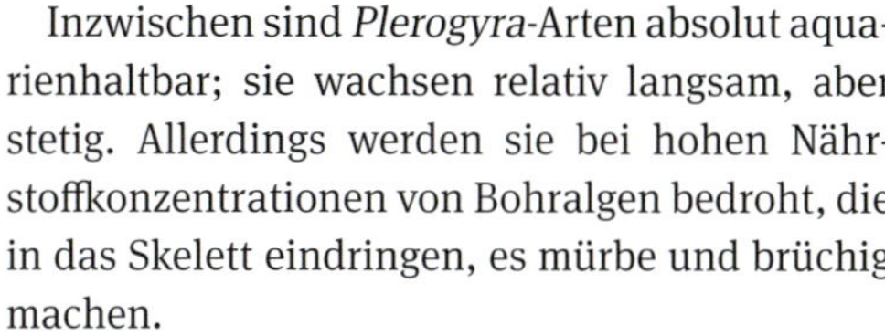

Inzwischen sind *Plerogyra*-Arten absolut aquarienhaltbar; sie wachsen relativ langsam, aber stetig. Allerdings werden sie bei hohen Nährstoffkonzentrationen von Bohralgen bedroht, die in das Skelett eindringen, es mürbe und brüchig machen.

Nachts werden die Tentakel zum Planktonfang ausgestreckt, und eine Gabe von Frostfutter oder feinem Schwebefutter einmal wöchentlich ist wichtig, um die Koralle gesund zu erhalten.

Ihr natürlicher Lebensraum sind strömungsgeschützte Stellen am tieferen Riffhang, Zonen, die konstantere Umgebungsbedingungen bieten als das Flachwasser. Im Aquarium sollten diese Korallen in mittelstarker Beleuchtung und gemäßigter Wasserströmung platziert werden.

Fragmentierung

Plerogyra-Arten können durch Fragmentierung vermehrt werden. Dazu werden einzelne Polypen oder Polypengruppen am zentralen Teil des Skeletts abgebrochen und mit Unterwasser-Epoxidharz an einem Substratstein befestigt. Allerdings geschieht dies in den meisten Fällen bereits beim Exporteur im Herkunftsland, sodass sie als Einzelpolypen in den Handel kommen.

Wie im Kapitel „Natürliche Fortpflanzung“ erwähnt, konnte eine für diese Gattung zuvor nicht bekannte vegetative Vermehrungsweise in der Korallenzuchtanlage von Jürgen Wendel beobachtet werden: Das Skelett einer als abgestorben angesehenen Koralle wurde in einem schwach beleuchteten Biofilter zwischen Lebendgesteinsbrocken untergebracht. Nach Monaten zeigten sich zahlreiche kleine Jungpolypen auf dem sonst gewebefreien, tot wirkenden Korallenskelett. Prinzipiell kann man bei dieser Vermehrungsweise von stressinduzierter Anthocaulusbildung sprechen und Parallelen zu dem analogen Vorgang bei Pilzkorallen der Gattungen *Fungia, Danafungia* oder *Diaseris* sehen, der im Aquarium bereits oft beobachtet und dokumentiert wurde. Für Korallen der Gattung *Plerogyra* ist diese Beobachtung jedoch wie gesagt neu.

Plerogyra simplex

Familie Pocilloporidae Gray, 1842

Die Familie Pocilloporidae enthielt bisher drei Gattungen, die submassiv bis arboreszent wachsen und sämtlich aquaristisch verbreitetet sind: *Pocillopora, Seriatopora* und *Stylophora.* Neu hinzugekommen ist die Gattung *Madracis.*

Gattung *Madracis*

Diese Steinkorallengattung befand sich bis vor Kurzem in der Familie Astrocoeniidae, wurde aber nach molekulargenetischen Untersuchungen zur Familie Pocilloporidae gestellt. Aquaristisch treten die meisten der 16 gültigen *Madracis*-Arten kaum in Erscheinung, weil sie nicht symbiotisch sind und im Atlantik an abgeschatteten Stellen unter Überhängen oder in Höhlen leben. Die wenigen symbiotisch lebenden Arten, die im Indopazifik anzutreffen sind, wachsen meist außerhalb der Tauchreichweite. Allerdings erscheint *M. formosa* aus der Karibik gelegentlich im Fachhandel.

Aquarienpflege

Madracis formosa ist eine ausgesprochen anspruchslose Koralle. Einmal im Aquarium etabliert, kann sie enorm wuchsstark sein und große Populationen erzeugen, wie z. B. Dr. Jochen Lohner in seinem Karibik-Aquarium erlebte. Die Wuchsform der Gattung reicht von Krustenbildung über massive Stöcke bis zur Säulenform.

Madracis formosa im Karibikbecken von Dr. Jochen Lohner (2011)

Gattung *Pocillopora*

Die Gattung *Pocillopora* umfasst derzeit (Stand 2022) 21 Arten, die submassiv bis arboreszent wachsen. 19 weitere Spezies befinden sich im Rahmen der noch andauernden Revision der Steinkorallen im Untersuchungsstadium („taxon inquirendum"). Die Äste sind entweder abgeflacht oder unregelmäßig und dünn, die Koralliten nicht hervorstehend, und auf der gesamten Oberfläche befinden sich mehr oder weniger deutlich sichtbare warzenförmige Erhebungen.

Aquarienpflege

Pocillopora damicornis gehört zu den anpassungsfähigsten Steinkorallen überhaupt. Im Meer sieht man sie auch in Küstennähe im Flachwasser, in Seegraswiesen und anderen Habitaten, und selbst an den Stelzwurzeln von Mangroven ist sie zu finden. Die weite Verbreitung wird sicherlich durch ihre Vermehrungsweise als Brüter gefördert, denn sie erzeugt im Polypeninnern

Pocillopora damicornis im Aquarium. Diese Korallenart ist ein Brüter, der über Jungfernzeugung (Parthenogenese) ungeschlechtlich Larven erzeugt. In der Folge siedelt diese Koralle sich im Aquarium oft an künstlichen Oberflächen an.

Pocillopora damicornis kann im Aquarium riesige Stöcke erzeugen, muss aber fortwährend gekürzt werden, weil sie sich im unteren Bereich sonst abschattet und abstirbt

In nährstoffarmem Wasser kann *Pocillopora damicornis* bei kräftiger Beleuchtung mit starkem UV-Anteil pinkfarbene Pigmentierung entwickeln

Larven, die dort heranreifen. Die Freisetzung erfolgt in einzelnen geografischen Regionen unterschiedlich, entweder saisonal oder ganzjährig.

Im Aquarium zählt *P. damicornis* zu den extrem schnell wachsenden Steinkorallen, die sich in Korallenzuchtbecken sogar spontan auf Nylon-Kabelbindern ansiedeln und dort kleine Stöcke bilden. Aquariengewachsene Stöcke mit Durchmessern von bis zu 50 oder 60 cm sind durchaus möglich.

Unter natürlichen Bedingungen finden sich in großen Stöcken in aller Regel eine oder zwei Korallenkrabben *Trapezia ferruginea*, *T. lutea* oder *T. wardi* (Familie Trapeziidae), meist leuchtend

Pocillopora verrucosa liegt in puncto Schwierigkeitsgrad der Pflege etwa zwischen *P. damicornis* und *P. edouxi*. In nährstoffarmem Wasser und bei kräftiger Beleuchtung kann sie auch pinkfarbene Pigmentation entwickeln.

Pocillopora edouxi bildet sehr schwere, dichte Skelette und ist im Aquarium weit schwieriger zu etablieren als *P. damicornis*

orange gefärbt. (Korallenkrabben der Gattung *Tetralia* dagegen bevorzugen *Acropora*-Steinkorallen.)

Andere *Pocillopora*-Arten tauchen im Aquaristikhandel seltener auf, und die massiveren von ihnen, die ein dichteres, schwereres Skelett bilden (z. B. *Pocillopora edouxi* und *P. elegans*), sind im Riffaquarium nicht so problemlos wie *P. damicornis*. *Pocillopora*-Arten benötigen mittelstarke bis starke Beleuchtung und kräftige Wasserströmung.

Fragmentierung

Die vegetative Vermehrung von *P. damicornis* ist sehr einfach. Allerdings ist das Skelett ganz außerordentlich fragil, und oft kommt es schon bei unvorsichtiger Handhabung eines Stocks leicht zum Abbrechen einzelner Äste. Die Fragmente sollten jedoch nicht zu klein sein, weil die Verlustquote sonst steigt. Auch andere *Pocillopora*-Arten können im Aquarium fragmentiert werden, wenn sie gut eingewöhnt sind.

Pocillopora elegans

Gattung *Seriatopora*

Seriatopora hystrix lässt sich gut mit vielen anderen SPS-Korallen vergesellschaften, ohne dass es zu aggressiven Interaktionen kommt

Die Gattung *Seriatopora* umfasst gegenwärtig (Stand 2022) neun arboreszente Arten mit dünnen Ästen. 22 weitere befinden sich noch im Untersuchungsstadium („taxon inquirendum"). Das deutlichste Merkmal dieser Gattung, das sich auch im Namen niederschlägt, sind die reihenförmig angeordneten Koralliten, die eine Verwechslung mit ähnlichen Arten anderer Gattungen fast ausschließen.

Aquarienpflege

Die hier als *Seriatopora guttatus* bezeichnete Art wird im Handel oft als *S. caliendrum* angeboten, und dieser Name ist unter Aquarianern weit bekannter. Diese beiden Arten können einander sehr ähneln und sind dann als aquariengewachsene Koralle für den Laien kaum voneinander zu unterscheiden. In den meisten Fällen dürfte es sich jedoch um *S. guttatus* handeln.

Steinkorallen der Gattung *Seriatopora* gelten im Aquarium als robust und wuchsfreudig, und die Eingewöhnung gelingt bei adäquaten Wasserwerten (Phosphat) normalerweise leicht, auch in sehr jungen Riffaquarien. Früher allerdings kam es nach einer kräftigen Wachstumsphase, in der recht schnell ein Stock mit 8–12 cm Durchmesser entstand, bisweilen plötzlich zu einem Absturz, und die Koralle starb gewissermaßen über Nacht vollständig ab. Die Ursachen dürften im Bereich der Versorgung mit Mengen- und Spurenelementen gelegen haben, die inzwischen erheblich ver-

Die grüne und die rote Farbmorphe von *Seriatopora hystrix* lassen sich zu ästhetisch reizvollen Mischbeständen kombinieren

Seriatopora guttatus und *S. hystrix* können im Riffaquarium sehr schnell große Korallenstöcke erzeugen. Dieser Bestand wurde in Form von vier kleinen Fragmenten in das Riffaquarium des Autors eingesetzt (oben rechts) und wuchs binnen zwei Jahren zu den hier gezeigten Ausmaßen heran (Bild Mitte).

Drei weitere Jahre später wurde derselbe *Seriatopora*-Bestand in erheblicher Größe aus dem Aquarium entfernt

bessert wurde. Darum sollte bei ihrem kräftigen Wachstum neben der Spurenelementversorgung stets auch die Kalziumkonzentration kontrolliert werden, weil mit dem Größerwerden des Bestands erheblich mehr Kalk verbraucht wird.

Seriatopora-Arten benötigen kräftige Beleuchtung und Wasserströmung. Die sehr beliebte rosafarbene und die grüne Farbmorphe von *S. hystrix* behalten ihre Färbung nur unter sehr nährstoffarmen Bedingungen; bei starker Nitrat- und Phosphatanreicherung werden sie schnell braun und sind dann nicht mehr voneinander zu unterscheiden, weil die Farbpigmente von Symbiosealgen überlagert werden. Hohe Nährstoffkonzentrationen mögen die schnellwüchsigen *Seriatopora*-Arten überhaupt nicht, denn dann drohen schnell Wachstumsstillstand und Geweberegression. An abgestorbenen Skelettbereichen siedeln sich unter solchen Umständen sehr schnell Fadenalgen an, die auch vitales Polypengewebe schädigen.

Fragmentierung

Die vegetative Vermehrung von *Seriatopora*-Stöcken ist leicht; es reicht aus, ein Teilstück der Koralle an anderer Stelle im Aquarium zu platzieren, fest auf neues Substrat geklebt.

Gattung *Stylophora*

Die Gattung *Stylophora* umfasst gegenwärtig (Stand 2022) neun Arten, die submassiv bis arboreszent wachsen. Hinzu kommen weitere fünf, die sich im Untersuchungsstadium befinden („taxon inquirendum“). Trotz der Verwandtschaft mit *Seriatopora* und des bei einigen arboreszenten Arten ähnlichen Erscheinungsbilds ist eine Verwechslung kaum möglich, weil die reihenförmige Anordnung der Koralliten fehlt und die Äste dicker sind und rund enden.

Aquarienpflege

Stylophora pistillata ist die häufigste Art und taucht als einziger Vertreter der Gattung mehr oder weniger regelmäßig im Aquaristikhandel auf, meist aus künstlicher Nachzucht. Wegen der oft kräftig pinkfarbenen Pigmentierung sind solche Exemplare sehr begehrt. Sind die Nährstoffkonzentrationen gegenüber dem natürlichen

Stylophora pistillata, violette Farbmorphe

Diese Farbmorphe von *Stylophora pistillata* ist unter Meerwasseraquarianern als „Milka" bekannt

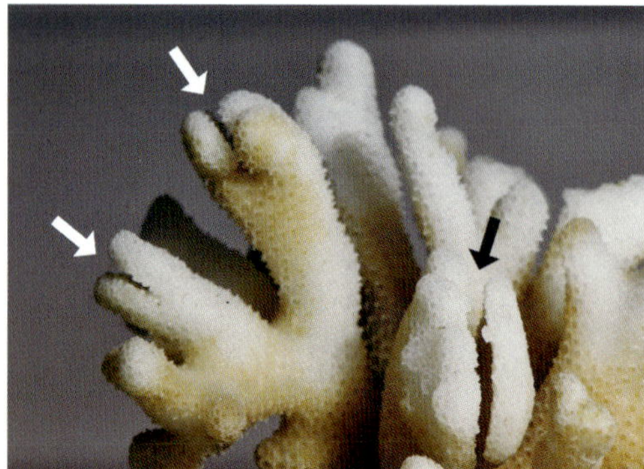

Stylophora pistillata wird bisweilen von der Gallkrabbe *Hapalocarcinus marsupalis* bewohnt, deren größere Weibchen die Koralle so durch Kratzen in einer Astverzweigung manipulieren, dass sie regelrecht umwachsen und eingesperrt werden (siehe Pfeile). Das zugehörige, wesentlich kleinere Männchen hingegen lebt frei auf der Koralle. Eine solche kommensale Lebensgemeinschaft im Riffaquarium pflegen zu können, ist faszinierend. Im vorliegenden Fall gelangte die Koralle leider geschädigt in den Handel (Dank an Claude Schuhmacher, der diese Koralle für Aufnahmen zur Verfügung stellte).

Meerwasser leicht erhöht, kann die Pinkfärbung intensiver werden und zu kräftigem Blau abdunkeln. Solche besonders attraktiven Korallen sind aquaristisch unter dem Namen „Milka" bekannt, doch diese Färbung ist nicht wirklich stabil, sondern kann zu Pink (sinkende Nährstoffkonzentrationen) oder Braun (steigende Konzentration) kippen.

Stylophora pistillata benötigt mittelstarke bis starke Beleuchtung und kräftige Wasserbewegung. Diese Art ist robust, und wenn sie sich in einem Riffbecken gut entwickelt, ist sie ausdauernd und wuchsstark. Allerdings gehört sie nicht zu den ganz einfach zu pflegenden Steinkorallen und nimmt suboptimale Bedingungen schnell übel, vor allem Cyanobakterien- oder Fadenalgenbelastung.

Fragmentierung

Stylophora pistillata kann gut durch Fragmentierung vermehrt werden, wenn der Stock ausreichend groß und gut eingewöhnt ist. Voraussetzung für das Fragmentieren ist aber, dass die Koralle ihre Polypen sehr gut öffnet und sich im Milieu des betreffenden Aquariums hervorragend entwickelt, was nicht immer der Fall ist. Kleine Stücke haben eine geringere Überlebenschance.

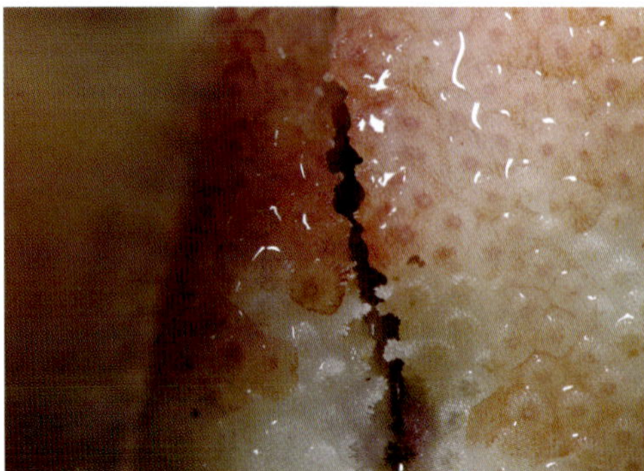

Zweimal dieselbe Galle, einmal aufgebrochen und mit der Gallkrabbe, die sie bewohnte

Familie Poritidae Gray, 1842

Die Familie Poritidae enthält vier Gattungen, die sehr kompakte Koralliten besitzen und dazwischen wenig oder gar kein Coenosteum aufweisen. Die Wuchsformen sind laminar, massiv oder arboreszent. Aquaristisch verbreitete Gattungen: *Porites* und *Goniopora*. *Alveopora* wurde nach molekulargenetischen Untersuchungen der Familie Acroporidae zugeordnet (KITANO et al. 2014), nachdem VERON und PICHON schon 32 Jahre zuvor die Verwandtschaft mit den Poritiden in Frage gestellt hatten (1982). Neuzugang ist die 2014 eingerichtete Gattung *Bernardpora*.

Gattung *Bernardpora*

Diese Gattung wurde 2014 von KITANO & FUKAMI für die ehemalige *Goniopora stutchburyi* eingerichtet, nachdem sich durch molekulargenetische Untersuchungen herausgestellt hatte, dass sie eine eigenständige Gattung benötigt. Sie besitzt das Erscheinungsbild einer *Goniopora* und bildet Polypen mit 24 Tentakeln, die jedoch sehr klein und vor allem kurz sind.

Bernardpora stutchbury ist im zentralen Westpazifik verbreitet (Australien, Indonesien) und kann unter passenden Aquarienbedingungen (Nährstoffkonzentrationen nicht zu niedrig, jedoch Abwesenheit von Cyanobakterien oder Fadenalgen) wachsen und größere Bestände erzeugen. In vielen Aquarien ist sie zu finden, doch allgemein bezeichnet man sie noch immer als *Goniopora*.

Bernardpora [= *Goniopora*] *stutchburyi*

Gattung *Goniopora*

Die Gattung *Goniopora* umfasst derzeit 30 gültige Arten und acht weitere, die sich im Stadium der Untersuchung befinden („taxon inquirendum“ Stand 2022). *Goniopora*-Korallen wachsen säulenförmig bis arboreszent bzw. massiv, gelegentlich auch krustenförmig. VERON (2000) teilte sie nach Wuchsform und Skelettmerkmalen in sechs Artengruppen. Die Koralliten von *Goniopora*-Arten stehen dicht beieinander und weisen wenig oder gar kein dazwischen liegendes Coenosteum auf. Von der äußerlich sehr ähnlichen (aber nicht eng verwandten) Gattung *Alveopora* unterscheiden sich die *Goniopora*-Arten durch die 24 Tentakel auf der Mundscheibe, denn *Alveopora*-Arten besitzen nur zwölf.

Diese *Goniopora djiboutienes* ist aquaristisch hervorragend zu pflegen und zu vermehren (Artengruppe 1)

Auch diese aquaristisch sehr gut haltbare *Goniopora minor* wird bereits intensiv künstlich vermehrt (Artengruppe 4)

Goniopora stokesi (Aquarienfoto und Naturaufnahme) sowie weitere Arten aus den Gruppen 1 und 2 besitzen Korallitendurchmesser von mehr als 5 mm. Jene Arten, die sehr lange Polypen entwickeln (10–30 cm), sind bisher im Aquarium nicht zufriedenstellend haltbar, sondern degenerieren nach einiger Zeit.

Aquarienpflege

Die Gattung *Goniopora* ist ein hervorragendes Beispiel für die enormen Pflegefortschritte, die während der vergangenen zwei Jahrzehnte in der Meeresaquaristik gemacht wurden. In den 1980er-Jahren waren Exemplare dieser Gattung als „Margeritenkorallen" sehr populär, z. B. *Goniopora lobata* oder *G. stockesi*. Sie galten als gut haltbar – dies war aber allein darauf zurückzuführen, dass sie einfach nur langsamer verendeten als andere Steinkorallen, etwa kleinpolypige Gattungen wie *Acropora*, die damals, wenn sie einmal zufällig auf dem Substratgestein von Weichkorallen importiert wurden, innerhalb von Tagen oder Wochen zugrunde gingen.

In Deutschland wurden *Goniopora*-Arten in den frühen 1990er-Jahren aber zunehmend unpopulär, als sich die Leidenschaft der Aquarianer auf *Acropora*-Arten konzentrierte, die nun infolge verbesserter Aquarienbedingungen – vor allem in Bezug auf Nährstoffkonzentrationen und die Versorgung mit Mengen- und Spurenelementen – tatsächlich Wachstum zeigten. Fortan galten *Goniopora*-Arten als nicht aquarienhaltbar, wurden weniger gekauft und darum vom Handel kaum noch importiert, obgleich Aquarianer hin und wieder von mehrjährigen Haltungserfolgen berichteten.

Atakan Sever (2001) stellte schließlich bei einigen *Goniopora*-Arten, die nicht sicher bestimmt werden konnten, gute Aquarieneignung mit deutlich sichtbarer Regeneration von Importschäden und Gewebezuwachs fest, selbst unter dem Licht von Leuchtstofflampen. Dabei handelte es sich aber ausschließlich um Arten mit kurzen Polypen (2–10 cm) und kleinen Koralliten (3–5 mm). Rund sechs Jahre später begann Jürgen Wendel mit gezielten Bemühungen um die vegetative Vermehrung, und es gelang ihm sehr überzeugend, mehrere Arten dauerhaft zu pflegen und zum Wachstum zu bringen. Darum lässt sich sagen, dass die schlechten Pflegeerfahrungen nicht für alle *Goniopora*-Arten gelten, sondern vor allem für die langpolypigen (10–30 cm), die in der Regel auch große Koralliten besitzen (über 5 mm).

Allerdings benötigt diese Gattung andere Umgebungsbedingungen als die kleinpolypigen *Acropora*-Arten, denn extrem niedrige Nährstoffkonzentrationen lassen sie schnell verkümmern. Auch muss fortwährend genug feinste Schwebenahrung vorhanden sein, die sie mithilfe ihrer Schleimsekrete fangen können. Die Pflege mit Korallenfischen ist für sie besser geeignet als ein nährstoffverarmtes Korallenzuchtbecken.

Die aquaristisch gut haltbaren *Goniopora*-Arten gehören hauptsächlich in die Gruppen 3–6 und entwickeln entweder krustenförmigen Wuchs (Gruppe 3) oder massiven (Gruppen 4–6). Massiv wachsende Arten erzeugen auf künstlichem Substrat in kurzer Zeit eine kugelförmige Gestalt.

Goniopora-Nachzuchtbecken von Jürgen Wendel

Fragmentierung

Jürgen Wendel führte bei mehreren *Goniopora*-Arten vegetative Vermehrung durch und erzeugte jeweils viele Hundert Tochterstöcke. Damit gelang ihm in seinem Inland-Korallenfarmbetrieb eine Massenproduktion von *Goniopora*-Steinkorallen. Prinzipiell wird dazu einfach ein Teilstück des Stocks mit einer fein gezahnten Eisensäge oder Hammer und Meißel abgetrennt und in starker Strömung und Beleuchtung platziert. Allerdings neigen solche *Goniopora*-Fragmente unter ungünstigen Bedingungen dazu, schnell an Gewebeinfektionen zugrunde zu gehen, während Jürgen Wendel in seiner Nachzuchtanlage die Korallen überaus erfolgreich großzog.

Goniopora-Nachzuchtbecken von Jürgen Wendel mit Fluoreszenzaufnahme – hier wird der enorm starke Effekt des GFP-Proteins sichtbar, das im Aquarium auch durch das Licht blauer Leuchtstofflampen angeregt wird.

Gattung *Porites*

Porites lobata gehört zu den häufigsten Arten der Gattung und ist oft übersät mit kommensalen Kalkröhrenwürmern der Gattung *Spirobranchus*

Die Gattung *Porites* umfasst derzeit 68 gültige Arten (Stand 2022), die laminar, krustenförmig, massiv oder arboreszent wachsen. Hinzu kommen allerdings 42 weitere, die sich im Stadium der Untersuchung befinden („taxon inquirendum“), sodass sich an der Artenzahl sicher noch einiges bewegen wird.

VERON (2000) teilte diese artenreiche Gattung nach Wuchsform und Skelettmerkmalen in sechs Artengruppen. Die kleinen Koralliten von *Porites*-Arten stehen dicht beieinander. Die massiv wachsenden Arten bilden meist halbkugelige Stöcke und leben bevorzugt in flachem, sonnendurchflutetem Wasser. Gegen die starken Sedimentablagerungen durch Gezeitenströmungen, die in diesem Lebensraum anzutreffen sind, schützen sie sich ähnlich wie verschiedene Lederkorallen mit einer „Häutung“ durch ein Schleimsekret, mit dem auch aufgelagerte Sedimente abgestoßen werden.

Massive *Porites*-Arten sind oft Wirtskoralle für farbenprächtige Röhrenwürmer der Gattung *Spirobranchus*, die eine Wohnröhre errichten und diese dann vom Polypengewebe überwachsen lassen. Man sieht sie oft zu Hunderten auf einem Korallenstock mit 2–3 m Durchmesser. Gelegentlich siedeln in den Wohnröhren abgestorbener Röhrenwürmer auch sessile Einsiedlerkrebse der Gattung *Paguritta*.

Porites cylindrica wächst arboreszent und kann im Meer Felder von gigantischem Ausmaß bilden

Die kommensalen Kalkröhrenwürmer *Spirobranchus giganteus* entwickeln zahlreiche unterschiedliche und sehr plakative Färbungen

Oft sieht man in *Porites lobata* und verwandten Arten Muscheln, die sich tief in das Skelett eingearbeitet haben

Diese *Porites mayeri* zeigt Fraßspuren von Papageifischen, was belegt, dass diese Fische eine Koralle nicht vernichten, sondern nur so stark „beernten", dass sie die Schädigungen leicht regenerieren kann. In der Natur verteilt sich der Fraßdruck der Fische auf viele Korallen. Zerstörend wird er erst, wenn er sich im Aquarium auf bestimmte Korallen konzentriert.

Die winzigen Einsiedlerkrebse *Paguritta gracilipes*, die auf *Porites lobata* und verwandten Arten gern in leeren Wohnröhren der *Spirobranchus*-Kalkröhrenwürmer leben, erkennt man nur bei genauem Hinsehen

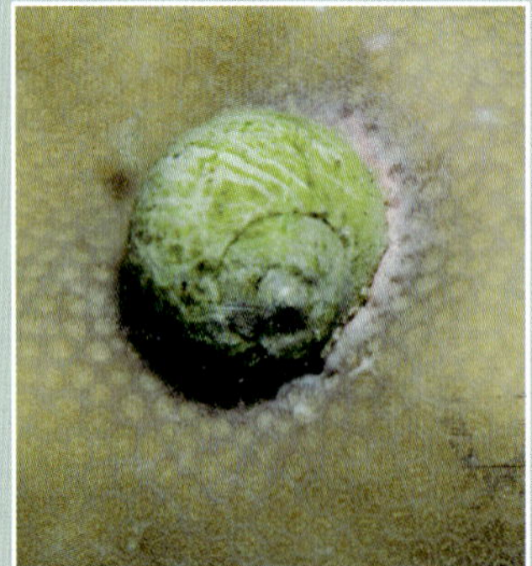

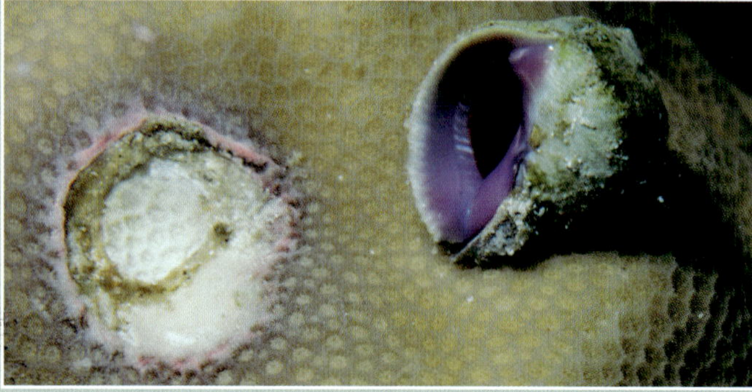

Die Gehäuseschnecke *Coralliophila violacea* ernährt sich ausschließlich von *Porites*-Korallen und setzt sich beinahe stationär an eine Stelle, um fortwährend das sich regenerierende Gewebe der Koralle zu fressen

Aquarienpflege

Porites gehört auch im Aquarium zu den besonders wuchsfreudigen Korallen, doch bei massiven Arten kommt es wegen der Wuchsform nur zu wenig Volumenzuwachs. Arboreszente Arten hingegen zeigen kräftige Volumenzunahme. *Porites*-Vertreter nehmen keine Schwebenahrung auf und neigen nach einer Direktfütterung dazu, die am Schleimsekret haftenden Futterpartikel durch eine „Häutung" abzustoßen.

Als Bewohner des Flachwassers im Innenriff sind *Porites*-Arten kräftiges Licht gewöhnt. Sie tolerieren starke Sedimentbelastungen und sollten im Aquarium helle Beleuchtung und kräftige Wasserströmung erhalten. Wichtig sind niedrige Nährstoffkonzentrationen, weil sie bei hohen Nitrat- und Phosphatwerten leicht im Basisbereich kahle Skelettstellen entwickeln, an denen sich Fadenalgen ansiedeln können. Auf Algenüberwuchs einschließlich Cyanobakterien reagieren *Porites*-Arten schnell recht negativ.

Massiv wachsende *Porites mayeri* und arboreszent wachsende *P. cylindrica* im Flachwasser eines indonesischen Korallenriffs im Karimunjawa-Archipel

Porites mayeri entwickelt typische Violettfärbungen, die fotografisch als Pink erscheinen. Diese Flachwasserkoralle lebt dicht unterhalb der Gezeitenzone und entwickelt im zentralen Bereich der rundlichen Stöcke oft Ebbeschädigungen, die zum Gewebeuntergang führen, sodass sich die Form eines Mikroatolls entwickelt. In der Mitte sieht man dann meist eine Gemeinschaft aus unterschiedlichen Organismen, darunter auch Riesenmuscheln *Tridacna crocea*.

Fragmentierung

Arboreszente *Porites*-Arten wie *P. cylindrica* können problemlos fragmentiert werden. Bei massiv wachsenden Arten lassen sich leicht einzelne Stücke absägen, um sie mithilfe von Unterwasser-Epoxidharz auf einem Kalkstein zu befestigen. Am besten sollte das Epoxidharz so angebracht werden, dass das Polypengewebe vom Rand des Fragments direkt darauf wachsen kann, um später das neue Substratgestein zu überziehen.

Diese Kolonie zahlreicher *Porites-lobata*-Korallen ging aus einer massiven Koralle hervor, die durch Tiefstebbe stark geschädigt wurde. Aus vielen einzelnen Resten entwickelten sich durch Regeneration die abgebildeten Exemplare.

Ungültige Familien und Gattungen

Einige aquaristisch sehr bekannte Steinkorallengattungen wurden im Rahmen der noch andauernden (Stand 2022) Revision ungültig, da man ihre Arten nach molekulargenetischen Untersuchungen sämtlich anderen Gattungen zugeordnet hat. So stellte sich z. B. heraus, dass die Unterscheidung zwischen *Lobophyllia* und *Symphyllia*, die man aufgrund äußerlicher Merkmale getroffen hatte, sich nicht durch genetische Unterschiede stützen lässt. Da die Gattung *Symphyllia* im Jahr 1848 eingerichtet wurde, *Lobophyllia* aber bereits 1830, musste das jüngere Taxon *Symphyllia* zum Synonym von *Lobophyllia* erklärt werden.

Ehemalige Familie Pectiniidae Wells, 1943

Die Familie Pectiniidae, aquaristisch vor allem durch die Gattungen *Echinophyllia, Mycedium* und *Pectinia* bekannt, in geringerem Maß auch durch *Oxypora*, existiert nicht mehr, sondern wurde zum Synonym der Familie Merulinidae erklärt. Ihre Gattungen wurden auf andere Familien verteilt, weil molekulargenetische Untersuchungen hier entsprechende Verwandtschaften nachweisen konnten. Die Gattungen *Echinophylla* und *Oxypora* befinden sich nun in der Familie Lobophylliidae, die Gattungen *Mycedium* und *Pectinia* in der Familie Merulinidae.

Die Familie Pectiniidae wird in der Literatur oft falsch „Pectinidae“ geschrieben. Die Familie Pectinidae existiert tatsächlich, doch sie gehört zum Tierstamm Mollusca (Klasse Bivalvia), der Muscheln enthält.

Ehemalige Gattung *Symphyllia*

Die Gattung *Symphyllia* wurde, wie erwähnt, zum Synonym von *Lobophyllia* erklärt und existiert damit faktisch nicht mehr. Schon früher war die außerordentlich große Ähnlichkeit zwischen diesen beiden Gattungen leicht erkennbar: Kennzeichen von *Symphyllia* war der soeben noch sichtbare, dünne Spalt, der das weiche Gewebe der einzelnen Polypen voneinander trennte. Bei der sehr ähnlichen Gattung *Lobophyllia* befindet sich an dieser Stelle ein deutlich breiterer Spalt, der sich auch in die Tiefe des Skeletts hinein fortsetzt. Dies waren jedoch morphologische Unterschiede, die in früheren Epochen der Biologie anders bewertet wurden als in der Gegenwart, und molekulargenetische Untersuchungen belegten nun, dass die Trennung der beiden Gattungen aufgrund äußerer Merkmale nicht gerechtfertigt war. Allerdings befinden sich einige der früheren 30 *Symphyllia*-Arten derzeit (2022) noch in einer Untersuchung („Taxon inquirendum“), und die übrigen wurden bereits anderen Gattungen zugeordnet, meist *Lobophyllia* oder *Isophyllia*. Alle Arten wachsen meandroid und bilden einen Korallenstock mit halbkugeliger Form.

Symphyllia-Korallen zeichneten sich durch den schmalen Spalt zwischen den Koralliten aus. Inzwischen werden sie als *Lobophyllia*-Korallen angesehen.

Ehemalige Gattung *Australomussa*

Die Gattung *Australomussa* wurde von J. E. N. VERON 1985 eingerichtet, und zwar für die einzige Art *A. rowleyensis*. Molekulargenetische Untersuchungen im Rahmen der noch andauernden Revision zeigten jedoch Verwandtschaft mit Korallen der Gattung *Lobophyllia*, weshalb die Gattung *Australomussa* zum Synonym erklärt wurde und somit ungültig ist. *Australomussa rowleyensis* heißt nun also *Lobophyllia rowleyensis*.

Früher *Australomussa*, nun *Lobophyllia*: *Lobophyllia* [= *Australomussa*] *rowleyensis*

Steinkorallen mit vorläufig fehlender Zuordnung

Die wissenschaftliche Systematik des gesamten Tier- und Pflanzenreichs befindet sich gegenwärtig in einem radikalen Umbruch. Während man in früheren Epochen der Überzeugung war, Verwandtschaftsbeziehungen ließen sich anhand äußerer Ähnlichkeiten erkennen – bei Steinkorallen z. B. anhand von Wuchsform oder Koralliten- bzw. Polypenform –, weiß man heute aufgrund moderner Analysemethoden, dass sich ähnliche Merkmale durchaus auch bei Korallen ohne gemeinsame Vorfahren parallel entwickeln können. Die Wissenschaft spricht hier von Analogentwicklungen oder Analogien. Oft sind äußere Merkmale wie Polypen- oder Tentakelform eine Antwort auf Umgebungseinflüsse, die mehrere Korallenarten gleichermaßen betreffen.

Daher hat man die gesamten Steinkorallen einer Revision unterzogen, die mithilfe moderner molekulargenetischer Methoden durchgeführt wird und wissenschaftliche Belege für die Verwandtschaftsbeziehungen erzeugen kann. Das hat zur Folge, dass sich viele frühere Zuordnungen als falsch erweisen und korrigiert werden müssen.

Zum gegenwärtigen Zeitpunkt sind allerdings einige aquaristisch relevante Steinkorallengattungen noch nicht komplett überprüft. Ihre ursprüngliche Klassifizierung ist zwar schon widerlegt, ihre endgültige Zuordnung jedoch noch fraglich. Hier spricht man dann von „Steinkorallen ohne sichere Zuordnung", in der Fachsprache „Scleractinia incertae sedis". Dieser Begriff wird anstelle einer Familie genannt, bis die betreffenden Arten sicher klassifiziert werden können.

Dies trifft momentan auf sehr viele Korallengattungen zu, doch hier sollen nur soll nur eine erwähnt werden, die aquaristische Bedeutung hat und oft im Fachhandel auftaucht. Dabei wird der Stand vom Frühjahr 2022 wiedergegeben; nach und nach werden diese Gattungen jedoch eine neue taxonomische Heimat finden.

Gattung *Pachyseris* (ehemals Familie Agariciidae, derzeit „Scleractinia incertae sedis“)

Die Gattung *Pachyseris* umfasst gegenwärtig sechs gültige Arten, die laminar wachsen und einseitig Koralliten besitzen oder aufrechte Strukturen bilden, die dann beidseitig Koralliten tragen. Eine weitere Spezies befinden sich derzeit noch in der Revision („taxon inquirendum“).

Das Skelett ist dichter und schwerer als bei *Pavona*- oder *Leptoseris*-Arten, und das deutlichste Kennzeichen ist eine Struktur, die aus parallelen Rillen besteht und an konzentrische Kreise oder eine überdimensionale Schallplatte erinnert. Früher stellte man diese Gattung in die Familie Agariciidae. Gegenwärtig (Stand 2022) ist diese Zuordnung bereits widerlegt, eine neue existiert jedoch noch nicht, weil die molekulargenetischen Untersuchungen nicht beendet sind.

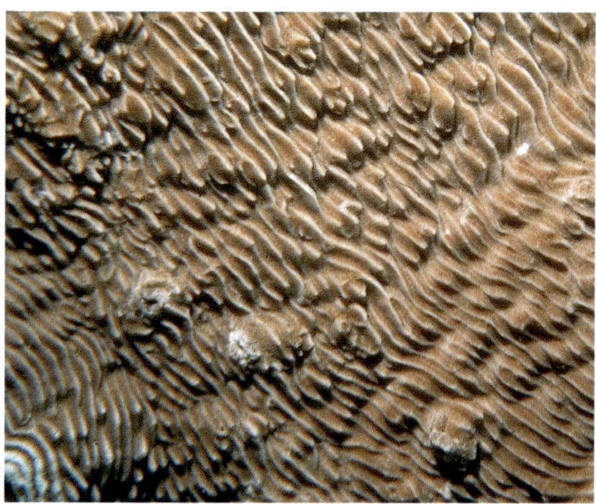

Die Nahaufnahmen zeigen die Variationsbreite der Rillen bei *Pachyseris rugosa*; sie können kurz oder länger sein, jedoch niemals durchgehend und streng parallel wie bei *P. speciosa* oder *P. foliosa*

Aquarienpflege

Pachyseris-Arten sind im Aquarium bereits zu Stöcken mit 30 und mehr Zentimetern herangewachsen. Einmal eingewöhnt, sind sie recht wuchsfreudig, wenngleich sie weit langsamer wachsen als z. B. *Montipora*-Arten. Problematisch ist jedoch meist die Eingewöhnungsphase, und hinzu kommt, dass diese Gattung recht transportempfindlich ist. Diese Korallen benötigen mittelstarke bis starke Beleuchtung und Strömung.

Pachyseris speciosa wächst foliös und besitzt durchgehende, konsequent parallel liegende Rillen, bildet allerdings keine strenge Trichterform wie *P. foliosa*

Fragmentierung

Pachyseris-Arten können durch Fragmentierung vermehrt werden, doch weil diese Koralle zu den etwas empfindlicheren zu zählen ist, sollte man sorgsam darauf achten, dass der Mutterstock eingewöhnt ist und gutes Wachstum zeigt. Auch sollten die Fragmente nicht zu klein sein, weil sie sonst schlechte Überlebenschancen haben.

Das Skelett ist ausgesprochen schwer, dicht und fest, sodass man es kaum brechen kann, sondern mit einer fein gezahnten Eisensäge trennen sollte.

Pachyseris rugosa wächst sowohl foliös als auch kolumnar

Pachyseris foliosa wächst foliös und besitzt ebenso durchgehende, parallel liegende Rillen wie *P. speciosa*, bildet jedoch immer eine ausgeprägte Trichterform

Kapitel 6

Ökologische Situation, Handelsbeschränkungen und Korallenfarmen

Der Autor beim Betreuen eines Korallenfarmprojekts im Karimunjawa-Archipel, Indonesien – sobald man ein Stück Algen ins Wasser hielt, war die Hand fortwährend umschwärmt von Lippfischen, die es nach Kleinkrebsen untersuchten

Die Riffe der Welt sind in Gefahr! Frühere Bedrohungen der Korallenriffe hießen Überfischung, Dynamitfang, Öltankerkatastrophen oder Flusssedimente. Seit rund zwei Jahrzehnten ist eine neue hinzugekommen: der globale Temperaturanstieg.

Grundsätzlich ist das Ausbleichen von Korallen nichts Neues; mit regelmäßiger Wiederkehr beobachtet man diese Störungen überall dort, wo das Klimaphänomen El Niño auftritt. 1982/83 beispielsweise bleichten infolge erhöhter Temperaturen weltweit Steinkorallen aus. In der ersten Jahreshälfte 1998 aber wurden in tropischen Meeren erheblich mehr überwärmte Oberflächenwasserbezirke – die sogenannten „Hot Spots" – gemessen als jemals zuvor. Auf den Philippinen lagen die Wassertemperaturen im Oktober 1998 bis in 30 m Wassertiefe bei 30 °C, und auch bis in 50 m Tiefe war keine merkliche Sprungschicht vorhanden, also kein plötzlicher, deutlich spürbarer Übergang zwischen dem warmen Oberflächenwasser und kühlerem Tiefenwasser.

Eine ausgebleichte *Acropora* auf dem Riffdach, Java, Indonesien

2016 war für viele Riffe, insbesondere das Great Barrier Reef vor der australischen Küste, ein regelrechtes Horrorjahr. Vor allem im noch intaktesten Bereich des 2.300 km langen Korallenriffs, dem Norden, waren die Überwärmungsfolgen verheerend. Bis zu 33 °C Wassertemperatur wurden gemessen, und große Teile der Korallenbestände bleichten vollständig aus. Die Schäden waren so dramatisch, dass die UN-Kulturorganisation UNESCO mit dem Entzug des Weltnaturerbe-Status drohte, wenn nicht mehr dafür getan werde, das Riff zu schützen.

Meeresbiologe und Korallenspezialist Dr. Andrew BAIRD schätzt, dass es zehn bis 15 Jahre dauern wird, bis in den stark betroffenen Zonen die Korallendecke wieder wachsen wird. Doch das setzt voraus, dass es keine weiteren Störungen geben wird, und genau das ist fraglich: Amanda MCKENZIE, Vorsitzende des unabhängigen Klimarats von Australien, weist darauf hin, dass bis dahin etwa alle zwei Jahre mit einem weiteren Korallenbleichen gerechnet werden muss.

Ein Saumriff im Karimunjawa-Archipel in Indonesien, vom Hubschrauber aus fotografiert – wie lange noch werden diese marinen Ökosysteme existieren?

Weltweit massives Ausbleichen von Korallen

Nicht alle ausgebleichten Korallen können sich wieder erholen; sie werden von widerstandsfähigeren Arten verdrängt, wie hier im Fall einer *Acropora*, die bald von der *Rhytisma* überwachsen sein wird. Riffe, die eine Ausbleichungsphase überstehen, verlieren dadurch möglicherweise zahlreiche einzelne Korallenarten.

Im Oktober 2016 provozierte der Autor Rowan Jacobsen mit einem Nachruf auf eines der spektakulärsten Naturwunder unseres Planeten: „Das Great Barrier Reef in Australien verstarb im Jahr 2016 nach langer Krankheit. Es wurde 25 Millionen Jahre alt."

Das mag karikaturenhaft überspitzt sein, doch Experten warnen: Die globale Erwärmung lässt das Klimaphänomen El Niño häufiger auftreten und verstärkt dessen Auswirkungen. Zudem treten die Hochtemperaturphasen meist nicht mehr lokal auf, sondern lassen ihre Auswirkungen global spüren. Schlechte Aussichten für den Lebensraum Korallenriff. Wird die bisherige Entwicklung nicht gestoppt, werden 2028 weltweit 40 % aller Korallenriffe nicht mehr existieren, prophezeit die amerikanische Behörde NOAA (National Oceanic and Atmospheric Administration).

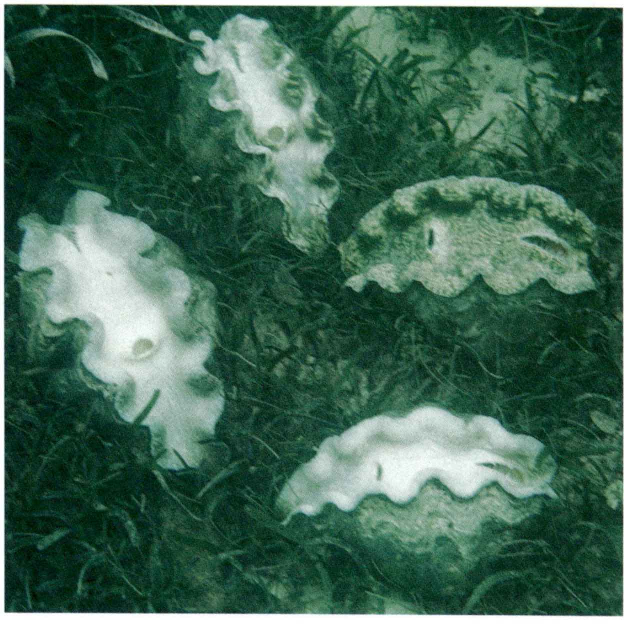

Ausgebleichte Riesenmuscheln in einer Zuchtfarm auf den Philippinen, Sommer 1998

Korallensterben durch Fäkalbakterien auf Mikroplastik

Als wäre dies allein nicht genug, stellte sich nun heraus, dass die gesamten Weltmeere mit Mikroplastik verunreinigt sind und dass solche Partikel in der der Nähe bewohnter Küsten in ihren Biofilmen Kolibakterien (*Escherichia coli*) enthalten, Fäkalbakterien der menschlichen Darmflora. Korallen nehmen solche Partikel auf, um anhaftende Bakterien als Nahrung zu verwerten, und sterben dann praktisch zu 100 % an der Infektion (ROTJAN et al. 2019).

Die Mikroplastikverseuchung der Welt ist derart dramatisch, dass feinste Partikel sich bereits in der Atmosphäre ausbreiten und mit Schneeflocken sogar in der Arktis niedergehen. Unser Umgang mit Kunststoffen stellt offensichtlich ein Systemproblem der menschlichen Gesellschaft dar, das in seinen ökologischen Auswirkungen nicht weniger bedrohlich ist als das Verbrennen fossiler Energieträger.

Korallen als Klimaflüchtlinge

Die Überwärmung der Weltmeere hat Korallen bereits zu Klimaflüchtlingen gemacht, denn sie beginnen vermehrt, sich über Larven in gemäßigten Meereszonen anzusiedeln, während wärmer werdende tropische Habitate gemieden werden. Ist das eine wirksame Strategie der Natur gegen die Klimaverschiebung?

Die Ansiedlungsrate von Korallenlarven in tropischen Riffen geht vielerorts zurück, sodass Lücken in der natürlichen Korallendecke schlechter geschlossen werden und zerstörte Teile eines Riffs sich weniger gut regenerieren. Eine umfassende wissenschaftliche Studie, die Datenmaterial zur geografischen Verbreitung von Jungkorallen auswertete, zeigte, dass der Nesseltier-Nachwuchs kühlere Zonen bevorzugt (PRICE et al. 2019). Damit wandern die Korallen quasi polwärts. „Allerdings wissen wir nicht, ob solche neuen Riffe die Vielfalt tropischer Korallenriffe erreichen können“, gibt Nichole PRICE, Koautorin der Studie, zu bedenken. Auch ist unklar, wie weit sich Riffe tatsächlich in kühleren Zonen etablieren und dadurch dem Korallensterben entgegenwirken können.

Bis vor wenigen Jahren wurden Aquarienkorallen ausschließlich im Riff gesammelt, wie hier bei Tonga. Gegenwärtig befindet sich die Korallenriffaquaristik in einer Übergangsphase zur intensiven Vermehrung von Tieren für das Hobby.

Unterschiedliche Überlebensfähigkeit

Manche Korallenarten überstehen eine Ausbleichungsphase besser als andere, weil es ihnen nach dem Ausbleichen, also dem Freisetzen der Symbiosealgen, effektiver gelingt, die ausbleibenden Nährstoffe durch Planktonfang zu ersetzen. Andere Arten dagegen zehren nach dem Verlust der Symbionten sehr schnell von der eigenen Körpersubstanz und degenerieren. Korallenarten, die in größerem Umfang zwischen der Autotrophie (Ernährung durch Endosymbiose mit Algen) und der Heterotrophie (Ernährung durch Planktonfang) wechseln können, verkraften die Hochtemperaturphasen besser und können anschließend wieder zu größeren Beständen heranwachsen.

Darum ist nicht jedes Korallenriff verloren, das von schweren Ausbleichungen betroffen ist. Aber selbst bei Riffen, die auf diese Weise überleben, kommt es zu einer dramatischen Artenverarmung, denn sie bestehen dann nur noch aus wenigen, robusten Korallenspezies. Dies wiederum hat großen Einfluss auf die übrige Population von Wirbellosen und Korallenfischen, die im Korallenriff zu Hause sind. Mehr noch: Je geringer die Artenvielfalt in einem Ökosystem, umso größer ist die Gefahr, dass sich Krankheiten und parasitär lebende Organismen ausbreiten und es vollständig ruinieren.

Genetische Trittsteinfunktion

Der Verlust jener Korallenriffe, die an wärmebedingten Ausbleichungen zugrunde gehen, wiegt deutlich schwerer als allgemein angenommen. Der Grund dafür ist die wenig bekannte Trittsteinfunktion, die viele Riffe haben, denn sie sind Zwischenstation in der Larvendrift.

Viele der Larven, die in einem Korallenriff entstehen, gelangen mit der Wasserströmung in sehr weit entfernte Bereiche. Verdriften sie von Punkt A nach Punkt B, der innerhalb ihrer maximalen Überlebensfähigkeit erreichbar ist, so kann die betreffende Art nach einem weiteren

Korallenexportbetrieb in Jakarta, Indonesien – von hier aus gehen naturentnommene Steinkorallen auf die Reise zu Aquaristikfachhändlern in aller Welt

Vermehrungszyklus durch erneute Larvendrift Punkt C erreichen, der für die Larven von Punkt A aus nicht zugänglich gewesen wäre.

Auf diese Weise stehen zahlreiche Lebensräume mariner Organismen über viele „Trittsteine" miteinander in Verbindung, und es ist davon auszugehen, dass sehr artenreiche Korallenriffe wie diejenigen im Korallendreieck bei Raja Ampat im Südosten Indonesiens, das als die Wiege der Korallen gilt, durch Larvendrift viele weit entfernte Riffe bis hin nach Okinawa im Süden von Japan mit Larven versorgen, die sich dort ansiedeln und oft auch geschädigte Riffzonen neu beleben. Solche weit entfernten Zonen werden also nur über „Trittsteine" erreicht. Ist die Ökologie eines solchen Trittsteinriffs jedoch gestört, wirkt sich dieser Umstand notwendigerweise auch auf all jene Riffe aus, die von ihm auf dem Weg der Larvendrift genetisches Material erhalten.

Es führt kein Weg an der Erkenntnis vorbei, dass es sich bei Korallenriffen nicht prinzipiell um genetisch voneinander völlig getrennte Einheiten handelt. Viele von ihnen sind Bestandteile eines hochkomplexen Netzwerks des genetischen Austauschs, und dies mahnt dazu, auch unbedeutend erscheinende Riffe besser zu schützen, weil ihre genetische Trittsteinfunktion für andere Korallenriffe enorm groß sein kann.

Rekordverdächtiger CO_2-Anstieg

Es wäre unsinnig, in der Korallenriffaquaristik die Ursache für die Riffzerstörung zu sehen. Meerwasseraquarianer können nicht für etwas verantwortlich gemacht werden, dessen Ursachen im sozioökonomischen und umweltpolitischen Bereich liegen. Vor 50 Jahren war unser Planet von 3,5 Milliarden Menschen bevölkert, heute, im Januar 2022 waren es 7,95 Milliarden, mehr als doppelt so viele, und das innerhalb von zwei Generationen. Diese Bevölkerungszunahme fordert ihren Tribut auf unterschiedlichste Weise, und darunter leiden zwangsläufig auch die Korallenriffe.

In den küstenreichen tropischen Ländern, in denen sich Riffe befinden, sind die Bevölkerungszunahmen noch weit dramatischer. Im Jahr 1980 lag die Zahl der Filipinos bei rund 35 Millionen. Heute (2022) beträgt sie bereits 109 Millionen! Das ist eine annähernde Verdreifachung der Bevölkerungsdichte in etwas mehr als einer Generation! Im gleichen Zeitraum sind die marinen Nahrungsressourcen nicht etwa mitgewachsen, sondern auf rund ein Viertel geschrumpft. Das erklärt, warum man den essbaren Korallenfischen mit immer rüderen Methoden nachstellt, ohne Rücksicht auf Verluste.

Ein weiterer gewichtiger Faktor ist die kontinuierlich zunehmende Verbrennung fossiler Energieträger durch die wachsende Erdbevölkerung. Das Verfeuern von Erdöl oder Kohle setzt klimaschädliches CO_2 frei und verstärkt den Treibhauseffekt. Dabei war es gerade die Entstehung dieser gewaltigen CO_2-Depots, die die Landmassen unseres Planeten überhaupt erst bewohnbar machte: Vor 500 Millionen Jahren lag die CO_2-Konzentration rund 20 Mal höher als heute, und erst die Vermehrung von Meeresorganismen, insbesondere Blaualgen – also Cyanobakterien – entzog der Atmosphäre gewaltige CO_2-Mengen und band sie in biogenem Material, sodass Leben außerhalb des Wassers möglich wurde.

Weil die verendeten Blaualgen sich auf dem Meeresgrund als Sedimente absetzten und lange Umbauprozesse in Gang kamen, liegt dieses biogene Material heute in Form der fossilen Energieträger wie Erdöl vor. Ihr Verfeuern setzt das gebundene CO_2 nach und nach wieder frei. Nachdem die CO_2-Konzentration der Atmosphäre in den vergangenen 10.000 Jahren recht konstant bei 280 ppm geblieben war, erfolgte mit dem Beginn der Industrialisierung ein kontinuierlicher

Anstieg. Fortwährend wurden neue Rekordwerte gemessen. 2008 lagen Werte um 385 ppm vor, und im Mai 2018 maßen US-Wissenschaftler im Mauna Loa Observatorium in Hawaii den weltweiten Spitzenwert von 415,26 ppm CO_2. Und alle Prognosen enthalten dramatische Steigerungen für die kommenden Jahrzehnte. Die daraus resultierenden Klimaveränderungen werden den Korallenriffen der Welt zum Verhängnis.

Tragischerweise sind aber gerade die Steinkorallen der Riffe das, was auf unserem Planeten eine enorme Depotwirkung für CO_2 darstellt. Keine andere geologische oder biogene Struktur mit Ausnahme tropischer Regenwälder entzieht der Atmosphäre in der Gegenwart so viel CO_2 wie die Kalksynthese der Steinkorallen. Das bedeutet, dass mit jedem Korallenriff, das durch den zunehmenden Treibhauseffekt und die daraus resultierende Meereserwärmung verschwindet, der globale CO_2-Anstieg beschleunigt wird – was wiederum den Treibhauseffekt und damit die Meereserwärmung verstärkt. Hinzu kommt das massiv gesteigerte Abholzen tropischer Regenwälder, z. B. in Indonesien (Borneo!) oder Brasilien.

Handelsbeschränkungen für Steinkorallen

Der Rückgang der Korallenriffe durch die Folgen von Überbevölkerung und Umweltzerstörung ist also eine Tatsache, an der niemand vorbei kommt. Zwar wäre es naiv anzunehmen, man könne durch den nachhaltigen Umgang der Aquaristik mit marinen Ressourcen den Niedergang der Riffe aufhalten, doch gerade der Korallenriffaquarianer steht in der Pflicht, die Riffe besonders umsichtig und sorgsam zu nutzen, damit die Ausübung des Hobbys Riffaquaristik nicht zusätzlich auf den Schultern der natürlichen Habitate lastet.

Aber, so paradox das auf den ersten Blick vielleicht klingen mag: Eine schonende und kontrollierte Entnahme von Steinkorallen und anderen Tieren im natürlichen Lebensraum kann den Riffen nützen. Eine solche Tierentnahme bietet den Küstenbewohnern tropischer Länder Einkommensmöglichkeiten, die helfen, bei ihnen den Wunsch nach mehr Riffschutz zu stimulieren, denn solche Entnahmen setzen die Existenz gesunder Riffe voraus. Viele Familien sind teilweise oder ganz davon abhängig, diese nachwachsenden Ressourcen als Einkommensquelle zu nutzen, und zumeist handelt es sich bei ihnen um Fischer, die bereits seit Generationen diesem Beruf nachgehen.

Es erfordert nicht viel Fantasie sich vorzustellen, wie die Fischer küstennaher Länder ihre Familien zu ernähren versuchten, würde man ih-

Sorgsam werden die Korallen ausgewählt und für den Versand verpackt

nen diese Einkommensquelle nehmen. Mit weitaus destruktiveren Methoden würde vielerorts dem Riff auch der letzte Fisch entrissen, um ihn auf dem Wochenmarkt als Speisefisch zu verkaufen – Stichwort Dynamitfang.

Doch ein solcher Handel mit naturentnommenen Korallen muss kontrolliert und gesteuert werden, damit die marinen Ressourcen nicht rücksichtslos ausgebeutet werden. Dazu gehören natürlich auch Handelsbeschränkungen, mit denen die Bestände bestimmter Arten geschützt werden sollen. Das kann bedeuten, dass bestimmte Arten weltweit gar nicht gesammelt werden dürfen, oder dass Bestände bestimmter Spezies in umschriebenen geografischen Regionen geschützt werden. Es ist z. B. durchaus möglich, dass eine bestimmte Steinkorallenart in Australien häufig anzutreffen, bei den Fidschi-Inseln jedoch akut bedroht ist. Eine solche Spezies darf dann unter Umständen bei den Fidschi-Inseln nicht gesammelt und in den Handel gebracht werden, in Australien aber durchaus.

Das Washingtoner Artenschutzabkommen

Seit 1976 ist in Deutschland das „Übereinkommen über den internationalen Handel mit gefährdeten Arten frei lebender Tiere und Pflanzen" gültig, kurz „Washingtoner Artenschutzübereinkommen" genannt (WA). Genauer handelt es sich dabei um das Vertragswerk CITES (Convention on International Trade in Endangered Species of Wild Fauna and Flora), das in drei Anhängen Tier- und Pflanzenarten entsprechend ihrer Gefährdungsstufe auflistet.

Weltweit sind diesem Abkommen inzwischen 183 Staaten beigetreten. Durch eine Verordnung sind seit 1984 alle Mitgliedsstaaten der Europäischen Union (EU) zur Anwendung des WA verpflichtet. Die Beschränkungen im Handel gefährdeter Arten sind unterschiedlich und vom jeweiligen Anhang des WA bedingt, in dem sie aufgeführt sind. Diese Anhangslisten werden alle zwei Jahre auf der WA-Vertragsstaatenkonferenz aktualisiert. Je nach Gefährdungsgrad werden die Arten in vier unterschiedlichen Anhängen aufgeführt:

Anhang A
enthält die im Anhang I des WA aufgeführten Arten (vom Aussterben bedrohte Arten, die durch den Handel beeinträchtigt werden oder beeinträchtigt werden könnten) sowie Arten, die nach Ansicht der Europäischen Union im internationalen Handel so gefragt sind, dass jeglicher Handel das Überleben der Art gefährden würde.

Anhang B
enthält die Arten des WA-Anhangs II (Arten, deren Erhaltungssituation zumeist noch eine geordnete wirtschaftliche Nutzung unter wissenschaftlicher Kontrolle zulässt) und Arten, die international in solchen Mengen gehandelt werden, dass das Überleben der Art oder von Populationen in bestimmten Ländern gefährdet sein könnte.

Anhang C
enthält die Arten des WA-Anhangs III (Arten, die von einer der Vertragsparteien in ihrem Hoheitsgebiet einer besonderen Regelung unterworfen sind) sowie alle anderen vom WA erfassten Arten, die nicht bereits in den Anhängen A oder B genannt sind.

Anhang D
enthält die Arten, bei denen der Umfang der Einfuhren in die Europäische Union eine mengenmäßige Überwachung rechtfertigt, um ggf. aus den so ermittelten Zahlen die Notwendigkeit einer stärkeren Unterschutzstellung herzuleiten.

Vorschriften für den Handel

Ziel des Washingtoner Artenschutzübereinkommens ist, den internationalen Handel mit wildlebenden Tieren und Pflanzen zu überwachen und ggf. zu beschränken. Allerdings hat diese internationale Übereinkunft keine unmittelbare Auswirkung auf das Recht der einzelnen Länder und bedarf daher auf nationaler Ebene der Umsetzung in vollziehbares Recht. Innerhalb der EG ist die zentrale gesetzliche Vorschrift die Artenschutzverordnung der EU (EG Nr. 338/97 des Rates vom 9. Dezember 1996 über den Schutz von Exemplaren wildlebender Tier- und Pflanzenarten durch Überwachung des Handels).

Steinkorallen befinden sich in Anhang B dieses Abkommens (Verordnungen EG Nr. 338/97 und Nr. 939/97), das jedoch nur die Vermarktung regelt, also den Handel und nicht den Privatbesitz durch den pflegenden Meerwasseraquarianer. Diese einheitliche Rechtsgrundlage soll den Erfordernissen des Europäischen Binnenmarktes gerecht werden. Mit ihr sollte das Washingtoner Artenschutzabkommen EG-weit umgesetzt werden, und es gilt in der EU seit dem 1. Juni 1997. Ein- und Ausfuhr sowie die kommerzielle Verwendung der geschützten Tiere werden darin für alle Mitgliedstaaten der EU einheitlich und verbindlich geregelt.

Die WA-Anhänge werden hierin im Wesentlichen übernommen, doch es kommt auch zu Abweichungen, denn innerhalb der EU entscheiden die einzelnen Mitgliedsstaaten eigenverantwortlich über die Ein- und Ausfuhr geschützter Arten. Das kann im Einzelfall auch dazu führen, dass eine Art aus einem bestimmten Herkunftsland nicht in die EU eingeführt werden darf, obgleich das CITES-Artenschutzabkommen selbst dies nicht verbieten würde. Die EU-Regelungen können im Einzelfall also über das WA hinausgehen.

Vorschriften für den Korallenzüchter

Seit 1. April 2021 ist die EU-Verordnung 2016/429 zum Tier-Gesundheitsschutz in Kraft und muss nun von allen EU-Mitgliedsstaaten umgesetzt werden. Diese Verordnung des Europäischen Parlaments und Rats dient laut Definition der Vorbeugung und Bekämpfung von Einschleppung und Verbreitung gelisteter Tierseuchen sowie neu auftretender Krankheiten.

Welche Tiere umfasst diese Verordnung?

Diese Verordnung gilt für Zoofachhandel, Importeure und Züchter, und zwar nicht nur gewerbliche, sondern auch private, die regelmäßig Wassertiere abgeben. Und hierbei bezieht sich der Gesetzestext nicht nur auf Wirbeltiere, in diesem Fall also Fische, sondern auch auf Wirbellose. Das schließt Tiere wie Stachelhäuter ein, jedoch auch – und hier sind wir beim häufigsten meerwasseraquaristischen Fall – Korallen. Zwar werden im Anhang 1 bei den Wirbellosen neben Bienen auch „Weichtiere des Stammes Mollusca und Krebstiere des Unterstamms Crustacea“ explizit ausgenommen, aber Nesseltiere des Stamms Cnidaria finden sich hier nicht als Ausnahme. Ob dies gewollt ist oder nicht (vermutlich eher Letzteres), führt es dazu, dass die Vorschriften auch für Korallen gelten. Auch findet sich in dieser Auflistung der Begriff „Zierwassertiere“, was im Korallenriffaquarium quasi alle tierischen Organismen umfasst. Ausgenommen sind allerdings Riesenmuscheln, Schnekken, Putzergarnelen, Einsiedlerkrebse und alle anderen Vertreter der Mollusca und Crustacea – welcher Logik dies folgt, bleibt unklar.

Auch für den Verkauf von Tieren auf Ausstellungen und ähnlichen Veranstaltungen gelten die neuen Vorschriften (hier das Meerwasseraquaristik-Symposium in Strassbourg 2004)

Die neue EU-Verordnung wird in der Korallenriffaquaristik in angemessener Weise berücksichtigt und umgesetzt werden müssen (Bild Fisch & Reptil 2014)

Welche Auswirkung hat diese neue Verordnung?
Als privater Aquarianer sind Sie davon nicht betroffen, sodass sich für Sie nichts ändert. Für die Pflege Ihres Korallenriffaquariums müssen Sie diese Verordnung also nicht berücksichtigen. Wenn Sie aber beispielsweise Korallenfragmente aufziehen und weitergeben, dann fallen Sie bereits unter die Kategorie „privater Züchter, der regelmäßig Wassertiere abgibt“.

Die Verordnung verlangt prinzipiell zwei Dinge:

1. Sie müssen als Züchter registriert sein, sodass die Behörden im Problemfall (Ausbreitung gefährlicher Keime) wissen, dass Sie zu jenen zählen, die Tiere weitergeben. Bei erhöhtem Risiko (siehe unten) müssen Ihre Züchtertätigkeit und die Weitergabe sogar zugelassen werden, damit die Behörden die Möglichkeit haben, sie zu blockieren, um die allgemeinen Risiken zu begrenzen.
2. Sie müssen als Züchter dem Empfänger Ihrer Tiere grundlegende Informationen über Haltungsbedingungen, Krankheiten und Seuchen sowie Biosicherheit mitgeben. Wie dies im Einzelfall auszuführen ist und welchen Umfang diese Informationen haben müssen, wird nicht präzise definiert. Hier könnte z. B. ein einfaches Merkblatt geschaffen werden, das a) die grundsätzlichen Haltungsbedingungen von Stein- und Weichkorallen stichwortartig zusammenfasst, b) markante, bisher bekannte Korallenkrankheiten mit ihren Hauptsymptomen auflistet und c) über die Gefahren informiert, die das Aussetzen exotischer Tiere in heimischen Gewässern oder das Ausbringen keimbelasteten Wassers aus Hälterungsanlagen in das Abwassersystem betreffen.

Hier geht es auch um jene Erreger, die z. B. eine Antibiotikabehandlung überstanden und damit eine Resistenz entwickelt haben. Stellen Sie sich vor, Sie setzen, so wie das früher unsinnigerweise verbreitet war, im Meerwasseraquarium Chloramphenicol gegen Cyanobakterien ein. Damit unterziehen Sie sämtliche Bakterien im System einer Behandlung mit einem Antibiotikum. Nach einer einmaligen Gabe sind Ihre Cyanobakterien vielleicht abgetötet, doch zahlreiche andere Bakterienarten möglicherweise nicht vollständig. Die zähesten unter ihnen widerstehen dem Mittel am längsten und haben einen Fortpflanzungsvorteil. Damit haben Sie quasi eine Auswahlzucht geschaffen und eine spezifische Antibiotikaresistenz produziert, doch wir wissen nicht einmal präzise, welche Bakterienarten sich im Aquarium befinden! Hier könnten durchaus Spezies darunter sein, die für den Menschen krankmachende Wirkungen entwickeln, insbesondere bei einem geschwächten Immunsystem. Solches Wasser müsste unbedingt durch Chlorbleiche behandelt werden, bevor es ins Abwassersystem gelangt, sodass restliche Bakterien abgetötet werden. Freilich, ein schlechtes Beispiel, weil die Verwendung eines Antibiotikums gegen Cyanobakterien weder erlaubt noch sinnvoll ist. Doch dieser Fall verdeutlicht, dass auch dort ein enormes Risiko liegen kann, wo man es eigentlich nicht vermutet.

Was ist ein „erhöhtes Risiko"?

Ein erhöhtes Risiko besteht, wenn Abwässer der Anlage in die Kanalisation geleitet werden oder in natürliche Gewässer gelangen können. Stellen Sie sich also einen Züchter vor, der regelmäßig keimbelastetes Wasser in das Abwassersystem laufen lässt: Hier entsteht ein grundsätzliches Risiko, und durch die Genehmigungspflicht haben die Behörden die Möglichkeit, die Qualität der Wasserbehandlung zu kontrollieren und notfalls die Anlage zu blockieren.

Transshipper

Für Transshipper, die Korallen und andere Wirbellose oder Korallenfische bei Exporteuren bestellen und die ungeöffneten Kisten an Käufer weiterleiten, ohne selbst eine Hälterungsanlage zu besitzen, die behördlich überwacht wird, werden die Zeiten schwierig, denn dies ist nach dem Inkrafttreten der neuen EU-Verordnung so nicht mehr erlaubt. Hier werden neben einer Hälterungsanlage auch eine Registrierung beim zuständigen Veterinäramt und eine Sachkundeprüfung nach Paragraf 11 des Tierschutzgesetzes nötig. Auch hiermit will man dem unkontrollierten Verbreiten exotischer Tiere mitsamt den Krankheitserregern, die sie möglicherweise mitbringen, vorbeugen.

Vorschriften für den Aquarianer

Der Besitz von Korallen wird durch das Bundesnaturschutzgesetz und die Bundesartenschutzverordnung geregelt, und zwar vor allem durch Besitzverbote, Nachweis- und Meldepflichten sowie Haltungsanforderungen an den Pfleger bzw. Besitzer. In der folgenden, kurzen Darstellung der Sachlage beziehe ich mich unter anderem auf den Beitrag von Wolfgang SEIGN beim MARUBIS e. V. (2010).

Prinzipiell sind Pflege und Nachzucht von Arten verboten, die nach dem Bundesnaturschutzgesetzt geschützt sind (§ 7 Abs. 2 Nr. 13 a BNatschG, entweder Anhang A = „streng geschützt", oder Anhang B: „besonders geschützt"), denn § 44 Abs. 2 Satz 1 Nr. 1 BNatschG verbietet es, diese Tiere „in Gewahrsam zu nehmen oder zu besitzen". Danach wäre die Aquarienpflege von Steinkorallen innerhalb der EU gesetzwidrig, gäbe es nicht nach § 45 Abs. 1 BNatschG Ausnahmen für Tiere, die in der EU rechtmäßig gezüchtet, durch künstliche Vermehrung gewonnen oder in ihren Herkunftsländern legal der Natur entnommen wurden sowie Tiere, die aus Drittländern rechtmäßig (also mit erforderlichen Aus- und Einfuhrgenehmigungen!) in die EU gelangt sind, also legal importiert wurden. Das bedeutet im Klartext, dass man Steinkorallen, für die eine CITES-Bescheinigung vorliegt, rechtmäßig erwerben und im Aquarium pflegen darf.

Allerdings verpflichtet § 46 Abs. 1 des BNatschG den Aquarianer zum Berechtigungsnachweis. Er muss also beweisen können, dass die betreffenden Steinkorallen rechtmäßig erworben wurden. Dazu reicht oft der Kaufbeleg, doch weitaus besser ist es, wenigstens die Nummer der Einfuhrgenehmigung darauf zu notieren, damit der Vorgang nachvollziehbar wird.

Weil man Wirbeltieren eine größere Leidensfähigkeit unterstellt als Wirbellosen, gehen die Vorschriften für die Pflege von Wirbeltieren noch deutlich weiter und verlangen z. B. im Rahmen des § 6 BartSchV die Dokumentation des Verkaufs in einem Auslieferungsbuch, oder nach § 7 Abs. 1 Satz 1 BArtSchV vom Halter eine bestimmte Zuverlässigkeit und ausreichende Kenntnisse. Das wird dadurch möglich, dass diese Tiere geschlechtlich vermehrt werden, ihre Vermehrung also kontrollierbar ist. Bei bestimmten Wirbellosen – insbesondere Korallen – ist dies aber praktisch nicht durchführbar, weil die vegetative Vermehrung durch Fragmentation quasi eine beliebige Zahl von Klonen erzeugen kann, was zu einer unkontrollierbaren Vermehrung führt. Es wäre nahezu unmöglich, jedes Fragment, das von einer Steinkoralle im Lauf von Jahren oder vielleicht Jahrzehnten genommen wird, behördlich zu registrieren. Das macht eine Dokumentation der Vermehrung und des Besitzes analog zu Wirbeltieren ausgesprochen schwierig. Aber wegen der prinzipiell geringeren Leidensfähigkeit von Wirbellosen verlangt man bei Steinkorallen keine Dokumentation des Besitzes, weshalb ein Meerwasseraquarianer seine Aquarienkorallen nicht behördlich anmelden muss – etwa im Gegensatz zu einem Tierhalter, der bestimmte CITES-geschützte Schildkröten oder Papageien pflegt.

Die Praxis, Steinkorallen durch Fragmentation zu vermehren und weiterzugeben, zu tauschen oder zu handeln, ohne ihre Herkunft nachweisen zu können, ist zwar durch den Gesetzgeber im Normalfall bisher toleriert worden, und mir sind keine Fälle bekannt, in denen ein Meerwasseraquarianer hierdurch Probleme bekommen hätte. Doch wichtig ist zu wissen, dass dies durch die gesetzlichen Vorschriften nicht gedeckt ist.

Fragen Sie daher beim Erwerb einer Steinkoralle nach einem Herkunftsnachweis. Bei importierten Naturentnahmen oder Farmzuchten sollten Sie, wie erwähnt, auf dem Kaufbeleg die Nummer der Einfuhrgenehmigung notieren und diesen sorgfältig aufbewahren. Bei Korallen, die in Deutschland durch Fragmentation vermehrt wurden, sollten Sie zumindest den Kaufbeleg sorgfältig aufheben, damit später eine kontrollierende Behörde gegebenenfalls den Bezug zu legal eingeführten oder zu gezüchteten Korallen herstellen kann. Fragen Sie im Zweifelsfall beim Bundesamt für Naturschutz nach.

Biotopschutz statt Artenschutz!

Es ist damit zu rechnen, dass zu den bisherigen Artenschutzmaßnahmen, mit denen man versucht, eine rücksichtslose Ausbeutung von Korallenriffen zu verhindern, in den kommenden Jahren neue beschränkende Vorschriften hinzukommen werden. Ganz unzweifelhaft ist jedoch meiner Überzeugung nach, dass die Riffe nicht Artenschutz brauchen, sondern Biotopschutz, denn es nützt nichts, eine Korallenart im Riff zu schützen, wenn anschließend Öltanker ihre Ladungsreste in der Nähe verklappen und der ehemals vitale Riffbiotop dem Untergang geweiht ist. Oder wenn – wie ich vor einigen Jahren in Mactan, Cebu (Philippinen) erlebte – eine große Hotelkette ein küstennahes Korallenriff vollständig vernichten darf, um darauf ein neues Fünf-Sterne-Hotel zu errichten. In solchen Fällen wäre es sogar vorteilhaft, eine gewisse Menge an Korallen als Gendepot in der Riffaquaristik zu haben.

Wie gesagt, dass Biotopschutz nottut und effektiver wäre als Handelsbeschränkungen, das steht außer Frage. Doch wie vieles im Leben ist das nur Theorie. Es ist wichtig, dass die Aquaristik – und mit ihr jeder einzelne Aquarianer – die Vorschriften beachtet, denn niemandem ist geholfen, wenn das Hobby Riffaquaristik in den Ruf der Naturschädigung kommt. Vor allem aber impliziert ja Riffaquaristik auch immer eine Liebe zu den Lebensräumen in der Natur, und wir Aquarianer sollten daher in vorderster Reihe stehen, wenn es um den Schutz der Biotope und um legalen Handel mit Tieren aus dem Riff geht.

Farmzucht von Korallen

Einen ersten Ansatz für das, was wir heute unter dem Begriff Korallenfarm verstehen und weltweit erleben, stellt das dar, was ich im Jahr 1994 als Konzept entwickelte, lange bevor das Wort „Korallenfarm" bekannt war oder irgendwo auf der Welt sonstige Aktivitäten dieser Art existierten. Nur in Florida (USA) gab es seinerzeit, wie ich Jahre später erfuhr, Aktivitäten zur farmähnlichen Vermehrung von Korallen: Julian Sprung und Kevin Gaines betrieben dort ein Unternehmen namens „Coral Reef Ranch" mit eben diesem Ziel.

In mehreren Projekten, zunächst auf den Philippinen und später auch in Indonesien, versuchte ich, die asiatische Küstenbevölkerung in die gezielte Produktion von Korallen für den europäischen Aquaristikmarkt einzubinden. Dabei sollten die natürlichen Ressourcen (Wasserströmung, Sonnenlicht) ausgenutzt und zugleich das ökologische Verständnis der Fischereibevölkerung verbessert werden, was damals völlig neue Ideen waren.

Alle Transplantations- und Pflegearbeiten mit Korallen werden bei diesem Konzept von einhei-

Korallenfragmente, die unter Kontrolle von Meeresbiologen gesammelt worden sind, werden von einheimischen Fischern auf künstliche Substrate gesetzt. Diese werden mit Nylonschnur auf Bambustabletts befestigt. Zunächst bleiben die gefüllten Tabletts einige Tage in landgestützten Becken. Sobald die Korallen den Transplantationsstress überwunden haben, werden die Tabletts mitsamt der Korallen in die meergestützte Farm verbracht und dort in speziell angefertigte Zementrahmen gelegt, abgedeckt mit Bambusgittern.

mischen Fischern ausgeführt, und die Methode ist so konzipiert, dass ausschließlich Materialien eingesetzt werden, die vor Ort verfügbar sind (Zement, Bambusrohre, Nylonschnur etc.), sodass die benötigten Gegenstände (Zementrahmen, Korallensubstrate, Abdeckgitter, Bambustabletts etc.) von den Angehörigen der Fischer gefertigt werden können.

Die Fischer sollten lernen, Korallenbiomasse zu produzieren, statt sie zu zerstören. Dass bei solchen Projekten auch Korallen entstehen würden, die man in gestörten Riffabschnitten aussetzen könnte, war eher ein Nebeneffekt; wie jeder Meeresaquarianer weiß, kann ein eutrophiertes Korallenriff mit erhöhten Nährstoffkonzentrationen im Wasser, abgefischter Herbivorenpopulation und dramatischem Algenwuchs nicht dadurch gerettet werden, dass man ein paar Korallenfragmente aussetzt. Es wäre naiv anzunehmen, dass sich auf diese Weise die Schäden unter Wasser reparieren ließen, deren Ursache an Land liegt.

Aber genau hier sollte die Lösung ansetzen, denn das Vermehren von Korallen und das Aussetzen von Fragmenten im Riff könnte auf die Fischer durchaus eine lehrreiche Wirkung ausüben und ihre Wahrnehmung der Riffe verändern. Wer über viele Generationen hinweg im Meer immer nur Speisefisch fängt, erlebt die See als eine Ressource für Meeresfrüchte. Steinkorallen gehören in dieser Sichtweise zum Feindbild, weil sie die Fischernetze zerreißen; diese sperrigen und hakeligen Kalkstrukturen mit Bambusstangen auseinanderzuhebeln und zu zerbrechen, ist nur logisch und konsequent, denn dann halten die Netze länger und man fängt mehr Fische, weil sie sich nicht verstecken können.

Der ökologische Wert lebender Korallen lässt sich Fischern nur schwer vermitteln – wohl aber der ökonomische. Wer erlebt, wie Korallen wachsen, wer sie lange Zeit pflegt und beschützt, um schließlich Geld dafür zu bekommen, der entwickelt einen anderen Bezug zum Korallenriff. Mein Konzept von 1994 für den Betrieb kleiner Korallenfarmen durch einheimische Fischer sollte nicht primär in den Riffen etwas verändern, sondern zunächst in den Köpfen der Menschen.

Meeresbiologin Frances Nievales von der University of the Philippines betreute 1996 das erste Korallenfarmprojekt des Autors auf der Insel Guimaras, in dem belegt werden sollte, dass man Korallen durch Fragmentierung gezielt im natürlichen Lebensraum vermehren kann

Kern des Konzepts war, dass unter der Kontrolle von Meeresbiologen in einem intakten Riffabschnitt bestimmte Korallen beerntet würden, und zwar Arten, die extrem schnellwüchsig sind, aquaristisch große Nachfrage haben und auch unter natürlichen Umständen durch mechanische Einwirkung einem gewissen Fragmentierungsdruck ausgesetzt sind, sodass solche Bruchstücke ohnehin Teil der Vermehrungsstrategie sind, weil sie zur Verbreitung der betreffen-

Meeresbiologe Dr. Thomas Heeger von der University of San Carlos leitete das zweite vom Autor angeregte Projekt, in dem eine operative Korallenfarm aufgebaut werden sollte

den Art im Riff beitragen. Diese Fragmente sollten in kleinen Farmen im Flachwasser in Küstennähe von ausgewählten Fischern betreut und zur Marktreife herangezogen werden.

Nach Ablauf einer festgelegten Zeitspanne sollten 80 % dieser Korallen für die Aquaristik exportiert werden, während die restlichen 20 % für Rehabilitationszwecke wieder im Meer ausgesetzt würden, gewissermaßen, um die ursprüngliche Korallenentnahme im Riff zu kompensieren. Auf diese Weise würde die Korallenbiomasse im natürlichen Lebensraum nicht vermindert, sondern im Gegenteil durch Ausbringen einzelner Fragmente an anderen Stellen die Verbreitung der Art stimuliert.

Gespräche mit Meeresbiologen diverser philippinischer Universitäten verliefen unterschiedlich; meist traf ich auf Unverständnis, weil im Jahr 1994 niemand glaubte, man könne Korallen einfach zerbrechen und dadurch vermehren. Man wies mich darauf hin, dass eine Koralle verende, sobald man von ihr Fragmente abbreche, und belehrte mich sogar dahingehend, man könne lebende Korallen nicht transportieren. Da es solche Korallenfarm-Aktivitäten damals nirgendwo gab, vermutete man, ich wolle in Wirklichkeit die Steinkorallenfragmente für den Souvenirhandel exportieren. Die Idee, Steinkorallen auf künstlichen Substraten anwachsen zu lassen, wurde in der Meeresbiologie nicht wirklich ernst genommen, obgleich Aquarianer dies damals schon jahrelang praktizierten.

Darum beschloss ich 1995, zunächst an der University of the Philippines in der Provinz Visayas ein kleines Projekt durchzuführen, in dem die Machbarkeit der Korallenvermehrung durch Fragmentierung im natürlichen Lebensraum demonstriert werden sollte. Auf Betreiben der Gouverneurin Emily Lopez fand das Projekt ab 1996 auf der Insel Guimaras statt. Wir pflanzten Korallen auf Zementplatten und Bambusstäbe und ließen sie ein Jahr lang wachsen.

1997 bis 1999 folgte dann ein Projekt bei der University of San Carlos in Cebu, geleitet von Dr. Thomas Heeger. Dabei wurden die Methoden wesentlich verbessert und zahlreiche unterschiedliche Substrattypen verglichen, weil damals Erfahrungswerte im natürlichen Lebensraum völlig fehlten. Nachzuchtkäfige wurden entwickelt (CNUs, coral nursery units), und auch die Ein-

Informationsgespräch des Autors (oben) mit dem Gouverneur von Java, Mardiyanto (Mitte), und dem Vizegouverneur (rechts) sollten helfen, fehlende gesetzliche Grundlagen für Einrichtung und Betrieb von Korallenfarmen in Indonesien zu schaffen, die in den Folgejahren auch umgesetzt werden konnten (unten)

beziehung der Küstenbevölkerung konnte hier umgesetzt werden.

Die Deutsche Botschaft auf den Philippinen spendierte ein schwimmendes Wächterhäuschen (siehe Bild links), und die Korallen entwickelten sich prächtig.

Im Jahr 2011, mehr als zehn Jahre nach Beendigung des Projekts, besuchte ich gemeinsam mit Thomas Heeger wieder die ehemalige Korallenfarm, die nun ein kleines Korallenriff war, mit unzähligen Fischen und Wirbellosen. Das zeigt eindrucksvoll, dass der Mensch im natürlichen Lebensraum durchaus Positives bewirken kann, wenn er Weichen richtig stellt und der Natur Zeit lässt, darauf zu reagieren.

Da aber der Export lebender Korallen von den Philippinen trotz intensiver Bemühungen nicht auf legalem Weg umsetzbar war, fand mein Folgeprojekt einige Jahre danach in Indonesien statt.

2002 begann ich gemeinsam mit Uwe Weidlich ein Projekt in Indonesien, in dem eine tatsächlich operative Korallenfarm aufgebaut werden sollte. Zu dieser Zeit waren in diesem Land bereits mehrere Korallenfarm-Aktivitäten im Gang, vor allem von Exporteuren, die in der Provinz im Flachwasser experimentell Korallen fragmentierten. Hier mussten allerdings zunächst intensive Verhandlungen mit dem Gouverneur von Java die Schaffung der gesetzlichen Grundlagen vorbereiten, damit Korallen auch tatsächlich exportiert werden konnten. In erster Linie schlug ich dabei eine detaillierte Strategie vor, um die Naturentnahmen von Korallen über die Kontingentierung in einem bestimmten Zeitraum stufenweise zurückzufahren und durch Farmnachzuchten zu ersetzen, für deren Export dann entsprechend höhere Kontingente freigegeben würden.

Das Projekt fand auf der Insel Sambangan im Karimunjawa-Archipel statt, etwa 80 km nördlich von Java. Hier wurden viele Zehntausend Korallenfragmente auf Substrate gesetzt und die Coral Nursery Units weiterentwickelt. Die gesamte Verfahrensweise und Logistik wurden mithilfe aufwendiger landgestützter Beckenanlagen optimiert. Auch die Einbeziehung der indonesischen Küstenbevölkerung war möglich, nicht nur für die Pflege der Korallen, sondern auch für die Herstellung diverser Hilfsmittel aus örtlich verfügbaren Materialien.

Zahlreiche Exporte gelangten bald nach Europa und Nordamerika, und zu dieser Zeit etablierten sich mehr und mehr Korallenfarmbetriebe in Indonesien, aber auch in anderen Ländern wie z. B. Tonga, die ebenfalls den europäischen Aquaristikfachhandel belieferten.

Nachdem etwa seit 2005 regelmäßig Korallen aus mehreren Farmbetrieben in den aquaristischen Fachhandel gelangten, stellte sich mehr

Inlands-Korallenfarmen

Jürgen Wendel mit seiner ersten Korallenzuchtanlage

und mehr die Frage, ob die Produktion von Aquarienkorallen nicht auch direkt im Empfängerland stattfinden könne. Dadurch würde man nicht nur die gesamte Exportproblematik umgehen, sondern auch Transportkosten sparen.

Mehrere Versuche in dieser Richtung wurden durchgeführt, sowohl in Deutschland als auch in den USA, doch meist blieb es beim Fragmentieren importierter Naturentnahmen. Zwar ist dies prinzipiell durchaus ein sinnvoller Ansatz, den Entnahmedruck auf Korallenriffe zu vermindern, weil jede einzelne Wildkoralle dabei letztlich eine große Zahl an Aquarienkorallen erzeugt. Doch dabei blieb ja die Abhängigkeit vom natürlichen Lebensraum bestehen und auch die von Exportgenehmigungen und günstigen Frachtpreisen. Inzwischen war die Zeit reif für den Versuch, von Naturentnahmen in tropischen Ländern völlig unabhängig zu werden.

Einer derjenigen, die mit großem Einsatz versuchten, dieses Ziel zu erreichen, war Jürgen Wendel aus Leinsweiler. Er errichtete auf dem Gelände des familieneigenen Winzerbetriebs eine Industriehalle, in der er eine mehrstöckige Korallenzuchtanlage aufbaute. Der erfahrene Korallenzüchter Bernhard Mohr lieferte das Know-how, und innerhalb weniger Jahre ent-

Nachdem die erste Anlage für die Vermehrung von Steinkorallen mehrere Jahre lang erfolgreich betrieben worden war, stand die Einrichtung der zweiten, größeren an

stand eine Korallenproduktion, die ausschließlich mit eigenen Mutterstockkorallen arbeitete und zehntausende Korallenfragmente heranzog.

Auch wurden in diesem Betrieb die Grenzen verschoben, denn Jürgen Wendel vermehrte selbst Gattungen, die zuvor als nicht für die Farmzucht geeignet gegolten hatten, etwa *Goniopora* und *Alveopora*. Schon bald baute er die zweite, noch weit größere Anlage auf. Zoofachhändler in Deutschland und Nachbarländern, darunter auch Fachhandelsketten mit zahlreichen Einzelbetrieben, nahmen seine Nachzuchtkorallen fest in ihr Sortiment auf. Dadurch hatten Meeresaquarianer in Mitteleuropa tatsächlich Gelegenheit, ein Steinkorallenaquarium ausschließlich mit nachgezogenen Korallen zu besetzen, die von farmeigenen Brutstockkorallen einer europäischen Inlands-Korallenfarm stammten.

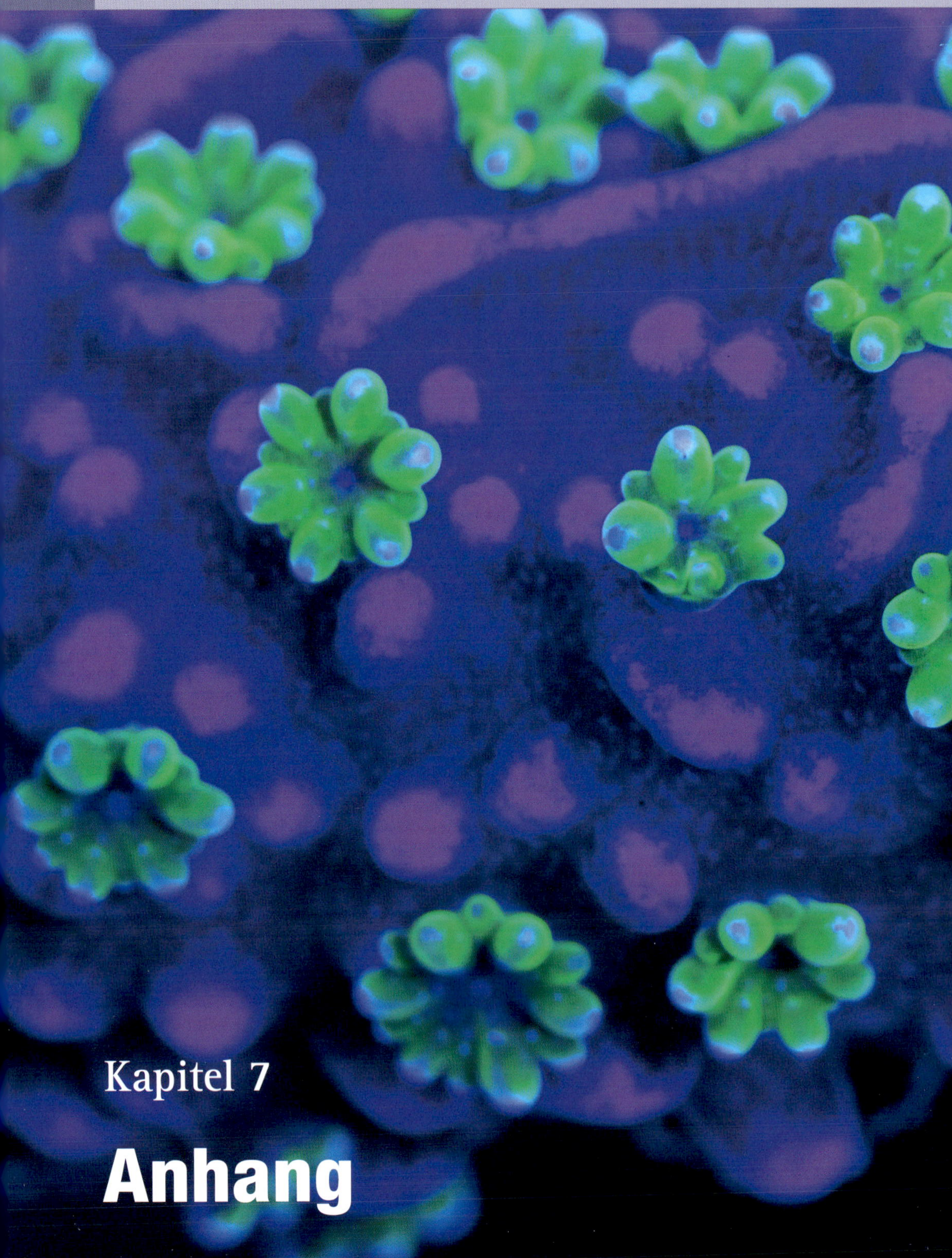

Kapitel 7

Anhang

Thema	Seite

Montipora hirsuta, fotografiert in blauem Licht, das die grüne Fluoreszenz verstärkt

Artengruppen der Gattung *Acropora* (Veron 2000, modifiziert Stand 2020)

Die folgenden Artengruppen, die auf J. E. N. Veron zurückgehen, wurden an den gegenwärtigen Stand angepasst. Nach dem Jahr 2000 erstbeschriebene Spezies sind darin nicht enthalten.

Erläuterung: „Ungültig": die Spezies ist wissenschaftlich nicht mehr anerkannt; „Taxon inquirendum": die Spezies befindet sich gegenwärtig in der Prüfung.

■ Gruppe 1: vier Arten, die feste Platten und Säulen ohne erkennbaren Axialkoralliten bilden

A. crateriformis = *Isopora crateriformis*
A. cuneata = *Isopora cuneata*
A. elizabethensis = *Isopora elizabethensis*
A. palifera = *Isopora palifera*

■ Gruppe 2: zwei Arten mit dicken, röhrenförmigen Ästen und versenkten Radialkoralliten

A. cylindrica = *Isopora togianensis*
A. togianensis = *Isopora togianensis*

■ Gruppe 3: fünf Arten mit unregelmäßigen Äs-ten und hervorstehenden Radialkoralliten

A. brueggemanni = *Isopora brueggemanni*
A. hemprichii
A. scherzeriana = ungültig
A. schmitti = ungültig
A. variolosa

■ Gruppe 4: eine büffelhornähnliche Art

A. rudis

■ Gruppe 5: eine elchgeweihähnliche Art

A. palmata

■ Gruppe 6: vier groß werdende, hirschgeweihähnliche Arten

A. cervicornis
A. formosa = *A. muricata*
A. grandis
A. teres = taxon inquirendum

■ Gruppe 7: acht große, krustenförmig oder horizontal verzweigt wachsende Arten mit raspelförmigen Radialkoralliten

A. abrotanoides
A. irregularis = *A. abrotanoides*
A. minuta = *A. palmerae*
A. nobilis = *A. robusta*
A. palmerae
A. pinguis = *A. robusta*
A. robusta
A. roseni

■ Gruppe 8: sechs große, horizontal verzweigte Arten mit aufwärts gebogenen Astspitzen

A. acuminata
A. donei
A. hoeksemai
A. indonesia
A. kosurini
A. valenciennesi

■ Gruppe 9: vier Arten mit fusionierenden Basal-Ästen und scharfem Rand an den Radialkoralliten

A. divaricata
A. natalensis
A. solitaryensis
A. stoddarti

■ Gruppe 10: drei Arten mit fusionierenden Basal-Ästen und rundem Rand an den Radialkoralliten

A. branchi
A. glauca
A. orbicularis = *A. clathrata*

■ Gruppe 11: sechs Arten mit erkennbaren Sekundär-Ästen und glattem Korallitenrand

A. austera
A. florida
A. forskali = taxon inquirendum
A. lovelli
A. seriata
A. wallaceae = ungültig

■ Gruppe 12: drei klein bleibende, hirschgeweihähnliche Arten

A. abrolhosensis
A. copiosa = *A. muricata*
A. microphthalma

■ Gruppe 13: vier Arten mit mittelgroßen Ästen und scharfem Rand der Radialkoralliten

A. haimei = taxon inquirendum
A. pectinata
A. prolifera
A. yongei

■ Gruppe 14: vier Arten mit mittelgroßen Ästen und ungleich großen Radialkoralliten

A. horrida
A. rufus
A. tortusa
A. vaughani

■ Gruppe 15: sechs Arten mit unregelmäßigen, mittelgroßen, sich kreuzenden Ästen, die kompakte „Kissen" bilden

A. akajimensis = *A. donei*
A. parahemprichii = *A. austera*
A. pruinosa
A. sekiseiensis = ungültig
A. striata
A. tumida

■ Gruppe 16: vier Arten mit kleinen, sich kreuzenden Ästen, die kompakte „Kissen" bilden

A. inermis = *A. microphthalma*
A. meridiana = *Isopora brueggemanni*
A. proximalis
A. tizardi = ungültig

■ Gruppe 17: fünf Arten mit flachen Ästen und seitlich stehenden Radialkoralliten

A. elegans
A. pichoni
A. simplex
A. tenella
A. walindii

■ Gruppe 18: sechs Arten mit platten- oder tischförmigem Wuchs und festen, horizontal ausgerichteten Ästen

A. clathrata
A. downingi
A. efflorescens = *A. cythera*
A. pharaonis
A. plumosa
A. tutuilensis = ungültig

■ Gruppe 19: sieben Arten mit plattenförmigem Wuchs und dünnen Ästen

A. cytherea
A. bifurcata = *A. hyacinthus*
A. hyacinthus
A. plana = *A. tenuis*
A. rambleri = ungültig
A. spicifera
A. tanegashimensis

■ Gruppe 20: vier Arten, die digitate Stöcke mit zylindrischen Ästen und hervorstehenden Radialkoralliten bilden

A. arabensis
A. bushyensis
A. chesterfieldensis
A. ocellata = *A. humilis*

■ Gruppe 21: sieben Arten, die digitate Stöcke mit fingerähnlichen Ästen bilden

A. gemmifera
A. humilis
A. globiceps
A. monticulosa
A. retusa
A. samoensis
A. torresiana = ungültig

■ Gruppe 22: vier Arten, die digitate Platten mit kleinen Ästen bilden

A. dendrum
A. digitifera
A. japonica
A. sarmentosa

■ Gruppe 23: drei Arten, die unregelmäßig geformte Stöcke bilden und sehr dominante Axialkoralliten besitzen

A. fastigata
A. multiacuta
A. suharsonoi

■ Gruppe 24: drei Arten, die digitate, klumpenförmige Stöcke bilden und spitze Koralliten besitzen

A. listeri
A. massawensis = *A. polystoma*
A. polystoma

■ Gruppe 25: drei Arten, die corymbose „Kissen" bilden und schuppenförmige Koralliten besitzen

A. convexa = *A. millepora*
A. millepora
A. prostrata = ungültig

■ Gruppe 26: vier astbildende Arten mit schuppenförmigen Koralliten

A. aspera
A. loisetteae
A. papillare
A. pulchra

■ Gruppe 27: sechs Arten, die corymbose „Klumpen" bilden und dünne, kurze Äste mit flachen Radialkoralliten besitzen

A. azurea = *A. nana*
A. kimbeensis
A. latistella
A. mirabilis = taxon inquirendum
A. nana
A. subulata

■ Gruppe 28: zwei Arten mit horizontalen Ästen, die corymbose „Klumpen" bilden und kleine Radialkoralliten besitzen

A. aculeus
A. elegantula= taxon inquirendum

■ Gruppe 29: vier Arten, die corymbose „Klumpen" bilden und dünne Äste mit verdicktem Korallitenrand besitzen

A. insigenis = *A. selago*
A. tenuis
A. selago
A. vermiculata = ungültig

■ Gruppe 30: acht Arten, die corymbose Platten bilden und kompakte, kurze Äste mit ungleich großen Radialkoralliten besitzen

A. anthocercis
A. batunai
A. desalwii
A. lamarcki
A. macrostoma = *A. tenuis*
A. microclados
A. parapharaonis = *A. valida*
A. willisae

■ Gruppe 31: fünf Arten, die corymbose Büsche oder Platten bilden und verlängerte, röhrenförmige Axialkoralliten besitzen

A. caroliniana

A. granulosa
A. jacquelineae
A. lokani
A. paniculata

■ Gruppe 32: sechs Arten, die corymbose Büsche bilden und abgerundete Koralliten besitzen

A. loripes
A. maryae = ungültig
A. plantaginea = taxon inquirendum
A. rosaria = ungültig
A. squarrosa
A. verweyi

■ Gruppe 33: drei Arten, die buschförmige Stöcke bilden und unregelmäßige, abgerundete Radialkoralliten besitzen

A. appressa = taxon inquirendum
A. cophodactyla = taxon inquirendum
A. secale

■ Gruppe 34: zwei Arten, die buschförmige Stöcke bilden und scharfkantige Radialkoralliten besitzen

A. cerealis
A. nasuta

■ Gruppe 35: drei Arten, die buschförmige Stöcke bilden und dicht anliegende Radialkoralliten besitzen

A. lianae = *A. loripes*
A. valida
A. variablilis = ungültig

■ Gruppe 36: vier Arten, die Stöcke mit dünnen, aufrechten Ästen und abstehenden Radialkoralliten bilden

A. exquisita
A. gomezi
A. kirstyae
A. parilis = *A. horrida*

■ Gruppe 37: sechs Arten, die Stöcke mit dünnen Ästen und schmalen Radialkoralliten bilden

A. cardenae
A. derawanensis
A. fenneri
A. filiformis
A. russelli
A. torihalimeda

■ Gruppe 38: neun Arten, die flaschenbürstenförmige Stöcke bilden

A. awi
A. carduus
A. echinata
A. elseyi
A. longicyathus
A. navini = *A. longicyathus*
A. speciosa
A. subglabra
A. turaki

Artengruppen der Gattung *Montipora* (Veron 2000)

Die folgenden Artengruppen, die auf J. E. N. Veron zurückgehen, mussten bisher nur in einer Position modifiziert werden. Nach dem Jahr 2000 erstbeschriebene Spezies sind darin nicht enthalten.

■ Gruppe 1: vier Arten, die laminar wachsen und radiäre Rippen aufweisen

M. foliosa
M. cebuensis
M. delicatula
M. hodgsoni

■ Gruppe 2: fünf Arten mit laminarem Wachstum ohne radiäre Rippen

M. friabilis
M. florida
M. aequituberculata
M. crassituberculata
M. capricornis

■ Gruppe 3: sieben Arten, die krustenförmiges oder massives Wachstum entwickeln und hervorstehende, höckerähnliche Erhebungen aufweisen

M. confusa
M. vietnamensis
M. undata
M. monasteriata

M. tuberculosa
M. saudii
M. circumvallata

■ Gruppe 4: 14 Arten, die krustenförmiges oder massives Wachstum entwickeln und hervorstehende Papillen (warzenförmige Erhebungen) besitzen

M. grisea
M. lobulata
M. turtlensis
M. dilatata
M. flabellata
M. peltiformis
M. stilosa
M. efflorescens
M. patula
M. verrilli
M. effusa
M. corbettensis
M. nodosa
M. informis

■ Gruppe 5: acht Arten, die krustenförmig oder massiv wachsen und keine hervorstehenden Papillen (warzenförmige Erhebungen) besitzen

M. orientalis
M. cocosensis
M. calcarea
M. mollis
M. turgescens
M. incrassata
M. spumosa
M. spongodes

■ Gruppe 6: vier Arten, die krustenförmig wachsen und sehr kleine Koralliten besitzen

M. hoffmeisteri
M. floweri
M. millepora
M. cryptus

■ Gruppe 7: vier Arten, die krustenförmig wachsen und trichterförmige Koralliten besitzen

M. angulata
M. caliculata
M. venosa
M. foveolata

■ Gruppe 8: neun Arten, die krustenförmig wachsen und Papillen (warzenförmige Erhebungen) im Coenosteum besitzen

M. taiwanensis
M. palawanensis
M. mactanensis
M. verruculosus
M. setosa
M. verrucosa
M. danae
M. meandrina
M. capitata

■ Gruppe 9: fünf Arten mit säulenförmigen Ästen

M. gaimardi
M. hemispherica
M. hispida
M. cactus
M. australensis

■ Gruppe 10: vier astbildende Arten mit glattem Coenosteum

M. altasepta
M. digitata
M. samarensis
M. niugini

■ Gruppe 11: vier astbildende Arten mit rippenförmigen Erhebungen im Coenosteum

M. hirsuta = *M. carinata*
M. stellata
M. porites
M. malampaya

■ Gruppe 12: fünf Arten mit gekrümmten Ästen ohne rippenförmige Erhebungen im Coenosteum

M. kellyi
M. spongiosa
M. pachycuberculata
M. echinata
M. aspergillus

Literatur

BROCKMANN, D. (2018): Aminosäuren und ihre Bedeutung für das Korallenriffaquarium. – KORALLE 110, 19 (2): 62–66.

BUDD, A. F., H. FUKAMI, N. D. SMITH & N. KNOWLTON (2012): Taxonomic classification of the reef coral family Mussidae (Cnidaria: Anthozoa: Scleractinia). – Zoological Journal of the Linnean Society 166 (3): 465–529., https://doi.org/10.1111/j.1096-3642.2012.00855.x.

COLIN, P. & C. ARNESEN (1995): Tropical Pacific Invertebrates – A field guide to the marine invertebrates. – The Coral Reef Foundation

DANA J. D. (1846): Zoophytes, Band 7: United States Exploring Expedition during the years 1838, 1839, 1840, 1841, 1842. – Lea and Blanchard, Philadelphia.

DAI, C. F. & S. HORNG (2009): Scleractinia fauna of Taiwan II: The robust group. – National Taiwan University, Taipei: 1–162.

DE GOEIJ, J. M., A. DE KLUIJVER, F. C. VAN DUYL, J. VACELET, R. H. WIJFFELS, A. F. P. M. DE GOEIJ, J. P. M. CLEUTJENS & B. SCHUTTE (2009): Cell kinetics of the marine sponge *Halisarca caerulea* reveal rapid cell turnover and shedding. – J. Exp. Biol. 212: 3892–3900.

DITLEV, H. (2003): New Scleractinian corals (Cnidaria: Anthozoa) from Sabah, North Borneo. Description of one new genus and eight new species, with notes on their taxonomy and ecology. – Zoologische Mededelingen Leiden 77: 193–219., http://www.repository.naturalis.nl/document/44266.

ERHARDT, H. & D. KNOP (2005): Korallenführer Indopazifik. – Kosmos-Verlag, Stuttgart

FOSSÅ, S. & A. NILSEN (1995): Korallenriff-Aquarium, Band 4. – Schmettkamp-Verlag, Bornheim

FUKAMI, H, C. A. CHEN, A. F. BUDD, A. COLLINS, C. WALLACE, Y.-Y. CHUANG, C. CHEN, C.-F. DAI, K. IWAO, C. SHEPPARD & N. KNOWLTON (2008): Mitochondrial and Nuclear Genes Suggest that Stony Corals Are Monophyletic but Most Families of Stony Corals Are Not (Order Scleractinia, Class Anthozoa, Phylum Cnidaria). PLoS ONE 3(9): e3222. doi:10.1371/journal.pone.0003222.

GOREAU, T. F. (1961): Problems of growth and calcium deposition in reef corals. – Endeavour 20: 32–39

KITAHARA, M. V., J. STOLARSKI, S. D. CAIRNS, F. BENZONI, J. L. STAKE & D. J. MILLER (2012): The first modern solitary Agariciidae (Anthozoa, Scleractinia) revealed by molecular and microstructural analysis. – Invertebrate Systematics 26 (3): 303., https://doi.org/10.1071/is11053.

KITANO, Y. F. , F. BENZONI, R. ARRIGONI, Y. SHIRAYAMA, C. C. WALLACE & H. FUKAMI (2014): A Phylogeny of the Family Poritidae (Cnidaria, Scleractinia) Based on Molecular and Morphological Analyses. – https://pdfs.semanticscholar.org/ac81/07785c9a080249b-39cfb7dbb45bc2d62bbe2.pdf.

KNOP, D. (1999): Aquarienbeleuchtung – Süßwasser- und Meerwasserbiotope im richtigen Licht. – Dähne-Verlag, Ettlingen

– (2001): Aquarienporträts – Riffaquarien aus aller Welt. – Dähne Verlag, Ettlingen

– (2008a): Großpolypige Steinkorallen. – KORALLE 53, 9 (5): 18–23.

– (2008b): Großpolypige Steinkorallen – Lebensraum und Gattungen. – KORALLE 53, 9 (5): 24–31.

– (2008c): Vermehrung großpolypiger Steinkorallen im Aquarium. – KORALLE 53, 9 (5): 40–42.

– (2013): „Trojaner" im Meerwasseraquarium, 2. Aufl. – Unerwünschte Aquariengäste erkennen und bekämpfen. – Natur und Tier - Verlag, Münster

– (2016): Riffaquaristik für Einsteiger, 9. Auflage. – Dähne Verlag, Ettlingen

LUZON, K. S., M. F. LIN, C. A. ABLAN LAGMAN, W. R. Y. LICUANAN & C. A. CHEN (2017): Resurrecting a subgenus to genus: molecular phylogeny of *Euphyllia* and *Fimbriaphyllia* (order Scleractinia; family Euphyllidae; clade V). – https://peerj.com/articles/4074.pdf.

–, M. F. LIN, C. A. ABLAN LAGMAN, W. R. Y. LICUANAN & C. A. CHEN (2018). Correction: Resurrecting a subgenus to genus: molecular phylogeny of *Euphyllia* and *Fimbriaphyllia* (order Scleractinia; family Euphylliidae; clade V). – https://doi.org/10.7717/peerj.4074/correction-1.

MARUBIS e. V. (2010): Überblick über das Artenschutzrecht, online abrufbar über: http://www.meerwasserforum.info/thread.php?threadid=49987 (Stand: Mai 2010).

PRICE, N. N., S. MUKO, L. LEGENDRE, R. STENECK, M. J. H. VAN OPPEN, R. ALBRIGHT, P. ANG, R. C. CARPENTER, A. P. Y. CHUI, T. Y. FAN, R. D. GATES, S. HARII, H. KITANO, H. KURIHARA, S. MITARAI, J. PADILLA-GAMIÑO, K. SAKAI, G. SUZUKI & P. EDMUNDS (2019): Global biogeography of coral recruitment: tropical decline and subtropical increase. – Mar Ecol Prog Ser 621:1-17. https://doi.org/10.3354/meps12980.

ROTJAN, R. D., K. H. SHARP, A. E. GAUTHIER, R. YELTON, E. M. BARON LOPEZ, J. CARILLI, J. C. KAGAN & J. URBAN-RICH (2019): Patterns, dynamics and consequences of microplastic ingestion by the temperate coral, *Astrangia poculata*. – Proceedings of the Royal Society B: Biological Sciences. DOI: 10.1098/rspb.2019.0726.

SCHLICHTER, D., D. ZSCHARNACK & H. KRISCH (1995): Transfer of photoassimilates from endolithic algae to coral tissue. – Naturwissenschaften, 82: 561–564

SCHLICHTER, D. (1997): Trophic potential and Photoecology of Endolithic Algae Living within Coral Sceletons. – Marine Ecology 18 (4): 299–317

SCHLICHTER, D., H. KAMPMANN & S. CONRADY (2008): Trophic Potential and Photoecology of Endolithic Algae Living within Coral Skeletons. – Marine Ecology, DOI 10.1111/j.1439-0485.1997.tb00444.x.

SEVER, A. (2001): *GONIOPORA*: Eine unhaltbare Steinkorallengattung? Erfahrungen mit weniger empfindlichen *Goniopora*-Arten im Riffaquarium. – KORALLE 8, 2 (2): 59–63

SOMMER, U. (1998): Biologische Meereskunde. – Springer-Verlag, Heidelberg, S. 263

SPRUNG, J. & J. C. DELBEEK (1994): Das Riffaquarium, Band 1. – Dähne-Verlag, Ettlingen

– (1996): Das Riffaquarium, Band 2. – Dähne-Verlag, Ettlingen

– (2005): The Reef Aquarium, Band 3. – Ricordea Publishing, Miami Beach, Florida

SPRUNG, J. (2000): Korallen – Ein Bestimmungsbuch. – Dähne-Verlag, Ettlingen

THIEL, A. (1998): Propagation of LPS corals by cutting. – Vortrag Symposium MACNA X (Marine Aquarium Council of North America), Los Angeles, USA

VERON, J. E. N. (1986): Corals Australia and the Indo-Pacific. – University of Hawaii-Press, Honolulu, Hawaii

– (2000): Corals of the World, Band 1–3. – Australian Institute of Marine Science, Queensland, Australia

VERON, J. E. N. & M. PICHON (1980): Scleractinia of Eastern Australia – Teil III. Family Agariciidae, Siderastreidae, Fungiidae, Oculinidae, Merulinidae, Mussidae, Pectinidae, Caryophyllidae, Dendrophylliidae. Australian Institute of Marine Science Monograph Series 4: 1–459.

– (1982): Scleractinia of Eastern Australia, Teil 4. – Australian Institute of Marine Science Monography Series 5: 1–159.

VERON, J. E. N. & M. NISHIHIRA (1995): Hermatypic corals of Japan. – Kaiyusha-Publishers, Tokyo, Japan

WALLACE, C. (1999): Staghorn Corals of the World. – CSIRO Publishing, Collingwood, VIC, Australia

WALLACE, C. & J. WOLSTENHOLME (1998): Revision of the genus *Acropora* in Indonesia. – Zoological Journal of the Linnean Society, London

WALLACE, C. C., C. A. CHEN, H. FUKAMI & P. R. MUIR (2007): Recognition of separate genera within *Acropora* based on new morphological, reproductive and genetic evidence from *Acropora togianensis*, and elevation of the subgenus *Isopora* STUDER, 1878 to genus (Scleractinia: Astrocoeniidae; Acroporidae). Coral Reefs 26 (2): 231–239, https://doi.org/10.1007/s00338-007-0203-4.

WARREN, W. C., R. GARCIA-PÉREZ, S. XU, K. P. LAMPERT, D. CHALOPIN, M. STÖCK, L. LOEWE, Y. LU, L. KUDERNA, P. MINX, M. J. MONTAGUE, C. TOMLINSON, L. W. HILLIER, D. N. MURPHY, J. WANG, Z. WANG, C. M. GARCIA, G. C. W. THOMAS, J.-N. VOLFF, F. FARIAS, B. AKEN, R. B. WALTER, K. D. PRUITT, T. MARQUES-BONET, M. W. HAHN, S. KNEITZ, M. LYNCH & M. SCHARTL (2018): Clonal polymorphism and high heterozygosity in the celibate genome of the Amazon molly. – Nature Ecology & Evolution, Ausgabe 2: 669–679.

Sachwortverzeichnis